"十三五"国家重点图书出版规划项目

环境遥感知识问答

HUANJING YAOGAN ZHISHI WENDA

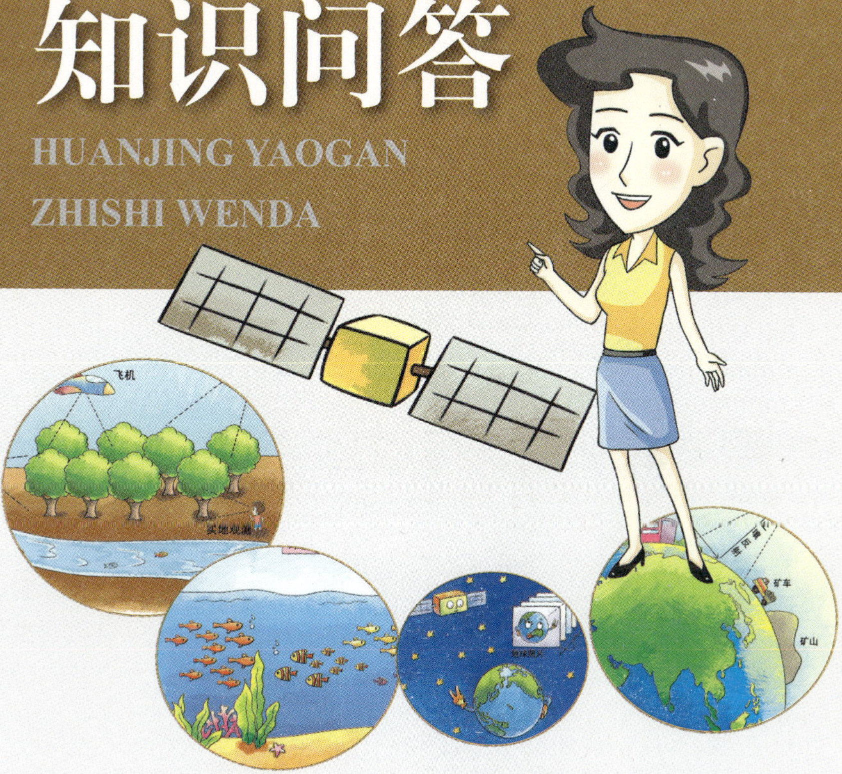

环境保护部科技标准司
中国环境科学学会 主编

中国环境出版集团·北京

图书在版编目（CIP）数据

环境遥感知识问答 / 环境保护部科技标准司，中国环境科学学会主编 . -- 北京：中国环境出版集团，2018.11
（环保科普丛书）
ISBN 978-7-5111-3369-4

Ⅰ . ①环… Ⅱ . ①环… ②中… Ⅲ . ①环境遥感—问题解答 Ⅳ . ① X87-44

中国版本图书馆 CIP 数据核字 (2017) 第 248074 号

出 版 人　武德凯
责任编辑　沈　建　董蓓蓓
责任校对　任　丽
装帧设计　宋　瑞

出版发行　中国环境出版集团
（100062 北京市东城区广渠门内大街 16 号）
网　　址：http://www.cesp.com.cn
电子邮箱：bjgl@cesp.com.cn
联系电话：010-67112765（编辑管理部）
发行热线：010-67125803，010-67113405（传真）
印　　刷　北京中科印刷有限公司
经　　销　各地新华书店
版　　次　2018 年 11 月第 1 版
印　　次　2018 年 11 月第 1 次印刷
开　　本　880×1230 1/32
印　　张　4.25
字　　数　110 千字
定　　价　22.00 元

《环保科普丛书》编著委员会

《环境遥感知识问答》编委会

科学顾问：童庆禧

主　　编：顾行发　王　桥　蒋兴伟　杨　军　罗　毅　易　斌

副 主 编：李正强　张静蓉　王京卫　李　莉　吴　迪

编　　委：（按姓氏拼音排序）

陈永梅　陈兴峰　侯伟真　李　莉　李正强
卢佳新　伽丽丽　吴　迪　吴　洁　王京卫
王树东　王明慧　许　华　谢一淞　于　璐
杨　勇　张　驰　张凤霞　张静蓉

编写单位：中国环境科学学会

中国环境科学学会环境信息系统与遥感专业委员会

中国科学院遥感与数字地球研究所

国家环境保护卫星遥感重点实验室

绘图单位：北京点升软件有限公司

《环保科普丛书》序

我国正处于工业化中后期和城镇化加速发展的阶段，结构型、复合型、压缩型污染逐渐显现，发展中不平衡、不协调、不可持续的问题依然突出，环境保护面临诸多严峻挑战。环保是发展问题，也是重大的民生问题。喝上干净的水，呼吸上新鲜的空气，吃上放心的食品，在优美宜居的环境中生产生活，已成为人民群众享受社会发展和环境民生的基本要求。由于公众获取环保知识的渠道相对匮乏，加之片面性知识和观点的传播，导致了一些重大环境问题出现时，往往伴随着公众对事实真相的疑惑甚至误解，引起了不必要的社会矛盾。这既反映出公众环保意识的提高，同时也对我国环保科普工作提出了更高要求。

当前，是我国深入贯彻落实科学发展观、全面建成小康社会、加快经济发展方式转变、解决突出资源环境问题的重要战略机遇期。大力加强环保科普工作，提升公众科学素质，营造有利于环境保护的人文环境，增强公众获取和运用环境科技知识的能力，把保护环境的意识转化为自觉行动，是环境保护优化经济发展的必然要求，对于推进生态文明建设，积极探索环保新道路，实现环境保护目标具有重要意义。

国务院《全民科学素质行动计划纲要》明确提出要大力提升公众的科学素质，为保障和改善民生、促进经济长期平稳快速发展和社会和谐提供重要基础支撑，其中在实施科普资源开发与共享工程方面，要求我们要繁荣科普创作，推出更多思想性、群众性、艺术性、观赏性相统一，人民群众喜闻乐见的优秀科普作品。

环境保护部科技标准司组织编撰的《环保科普丛书》正是基于这样的时机和需求推出的。丛书覆盖了同人民群众生活与健康息息相关的水、气、声、固废、辐射等环境保护重点领域，以通俗易懂的语言，配以大量故事化、生活化的插图，使整套丛书集科学性、通俗性、趣味性、艺术性于一体，准确生动、深入浅出地向公众传播环保科普知识，可提高公众的环保意识和科学素质水平，激发公众参与环境保护的热情。

我们一直强调科技工作包括创新科学技术和普及科学技术这两个相辅相成的重要方面，科技成果只有为全社会所掌握、所应用，才能发挥出推动社会发展进步的最大力量和最大效用。我们一直呼吁广大科技工作者大力普及科学技术知识，积极为提高全民科学素质作出贡献。现在，我们欣喜地看到，广大科技工作者正积极投身到环保科普创作工作中来，以严谨的精神和积极的态度开展科普创作，打造精品环保科普系列图书。衷心希望我国的环保科普创作不断取得更大成绩。

从书编委会

二〇一二年七月

前言

“环境遥感”一词于1962年开始在国际科技文献中出现。1964年美国国家航空航天局、国家科学院和海军海洋局联合举行“空间地理学”的专题讨论会，讨论如何从空间研究地球环境，提出一个以地球为目标的空间观测规划。1964年10月一架装有微波辐射仪、摄影测量照相机、多光谱照相机、紫外照相机、红外扫描仪、多普勒雷达等遥感仪器的遥感飞机投入使用。目前，法国、日本、美国都已应用遥感技术研究环境。

中国自1980年起开始比较系统地应用遥感技术探测天津市和渤海湾海面的污染特征。遥感技术在环境领域的应用，目前主要体现在大面积的宏观环境质量和生态监测方面，在大气环境质量、水体环境质量和植被生态监测等方面中都有比较广泛的应用。

遥感技术在环境领域的应用，一方面环境问题为遥感技术的应用提供了舞台，另一方面环境问题的研究也促进了遥感技术的进一步发展。这两个方面相互促进，使作为环境科学和遥感科学的交叉学科的环境遥感成为研究热点之一。目前，环境遥感已经成为全球性、区域（流域）性乃至城市层次的生态环境问题研究的重要手段，为生态环境规划和环境系统研究提供了强有力的工具。

本书系统梳理了环境遥感的相关基础知识，分别介绍了水环境遥感、大气环境遥感、土壤环境遥感、生态环境遥感、城市环境遥感、环境灾害遥感等技术和应用，力求通俗易懂、图文并茂地阐述有关科学知识和技术。

在本书的编写过程中，陈利顶、王让会、马荣华、乔延利、吴炳方、孟庆岩、李强子、牛生丽、胡斯勒图、刘海江、刘东、张丰、张兴赢、王晋年、林龙福、孙丹峰、李俊生、邓儒儒、厉青、曹春香等付出了辛勤的劳动，在此一并感谢！

由于水平有限，加之时间仓促，书中难免有疏漏、不妥之处，敬请广大读者批评指正！

编　者

二〇一八年七月

目录

第一部分 遥感基础知识 1

第七部分　环境灾害遥感　87

第八部分　其他遥感应用　107

HUANJING YAOGAN

ZHISHI WENDA

环境遥感知识问答

第一部分
遥感基础知识

1. 什么是遥感?

遥感（remote sensing，即为“遥远的感知”）是指远距离非接触式获取目标特征信息的技术，包括电磁场、力场、机械波（声波、地震波）等探测技术。在实际工作中，重力、磁力、声波、地震波等的探测被划入物探（物理探测）的范畴；只有电磁波探测属于遥感的范畴。遥感是应用搭载在人造卫星、飞机或地面等平台上的探测仪器，不与探测目标相接触，从远处把目标的电磁波特征记录下来，通过分析揭示出物体的特征性质及其变化的综合性探测技术。遥感的最大优点是能在短时间内取得地球表面大范围的数据信息，并以图像或非图像的方式表现出来，可以探测人类难以抵达或危险的区域。遥感技术已广泛应用于环境监测、农业、气象、军事、航海、行星科学等领域。

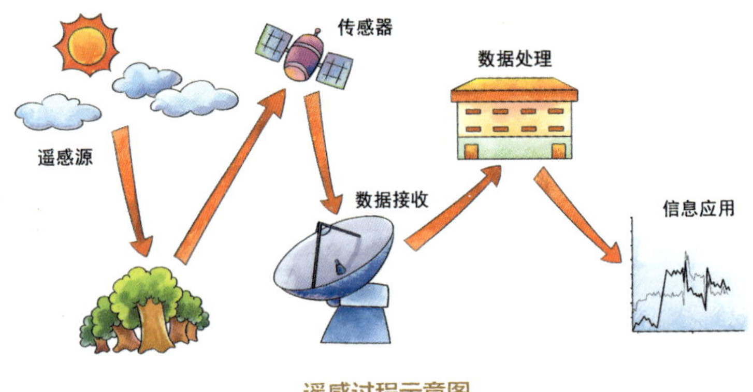

遥感过程示意图

2. 遥感使用的电磁波有哪些?

凡是温度高于 0 K（约为 −273.15℃）的物体都会向外辐射电磁波。

太阳的有效温度约为 5 800 K，地球的有效温度约为 288 K，它们都会不断地向外辐射电磁波。按照电磁波的波长或频率的顺序把这些电磁波排列起来，就是电磁波谱。按波长由小到大，电磁波可分为γ射线、X 射线、紫外线、可见光、红外线（近红外线、中红外线和远红外线）、微波、无线电波等。其中，除 0.39 ～ 0.77 μm 的可见光谱段能够被人眼视网膜所感知外，其他谱段的电磁波都是不可见的，需要通过遥感仪器探测。目前，遥感技术所使用的电磁波集中在紫外线、可见光、红外线到微波的光谱谱段。

电磁波谱

单位：μm

不可见光线			可见光线	不可见光线				
γ 射线	X 射线	紫外线	紫蓝青绿黄橙红	近红外线	中红外线	远红外线	微波	工业电波
	0.04	0.39	0.77		40	1000		

3. 大气对电磁波的传播有哪些影响?

太阳辐射的电磁波到达地球表面要穿过厚厚的地球大气层。地球大气中存在大量的气体分子（如氮气、氧气、二氧化碳、水汽、臭氧等）和悬浮颗粒物（如卷云中的冰晶、暖云中的液态水滴、沙尘气溶胶、烟尘气溶胶、海盐气溶胶等）。大气中的气体分子和悬浮颗粒物对电磁波有吸收和散射作用，从而削弱了到达地表的太阳辐射；分子和颗粒物吸收热量也会发生辐射，使到达地表的热量增强。太阳辐射穿过大气层时，大气分子和气溶胶粒子等对电磁波的某些波段具有吸收作用，引起这些波段的太阳辐射强度衰减。吸收作用越强，辐射强度衰减越大。甚至某些波段的电磁波完全不能通过大气，形成的分界线被称为吸收线或吸收带。太阳辐射在传播过程中遇到的小微粒会使传播方向发生改变，向各个方向散开，称为散射。散射的作用削弱了原传播方向上的辐射强度，增加了其他方向的辐射。大气不仅对电磁波有削弱作用，同时它本身也发生辐射，有时发生的辐射甚至会超出吸收的部分。在遥感应用中，需要根据大气对电磁波的吸收、散射、发射等特性选择合适的电磁波谱段。

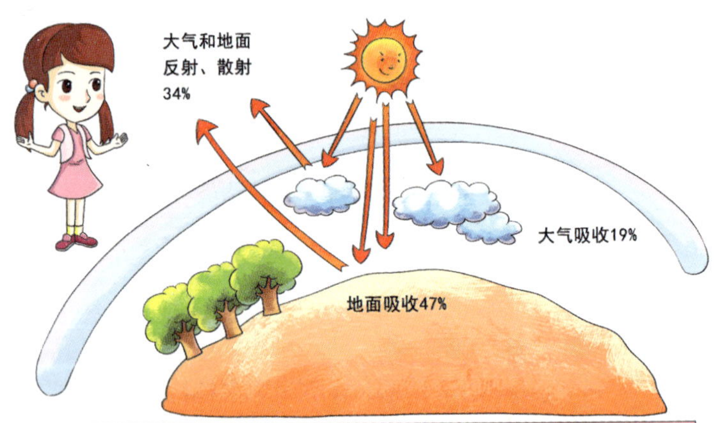

大气不仅对电磁波有削弱作用，同时它本身也发生辐射，有时发生的辐射甚至会超出吸收的部分。在遥感应用中，需要根据大气对电磁波的吸收、散射、发射等特性选择合适的电磁波谱段。

太阳辐射在大气中传输受到的影响

4. 电磁波与地表有哪些相互作用?

当太阳辐射的电磁波到达地球表面后，部分被反射、部分被吸收。遥感数据记录的是地球表面物体（简称地物）对电磁波辐射的反射能量。地物的反射特性可以通过反射率的测量来量化描述。反射率是地物的反射能量与入射总能量之比。通过测量地物反射率随波长变化的曲线能得到地物的反射光谱曲线。从地物的反射光谱曲线中可以发现不同地物对同一波长电磁波辐射的反射率是不同的，同一地物在不同波段的反射率也是不同的。反射率也与地物的表面颜色、粗糙度和湿度等有关。在遥感应用中，依据地物对电磁波的反射特征的差异可以区分出不同地物类型，还可以进行地物特性的反演。

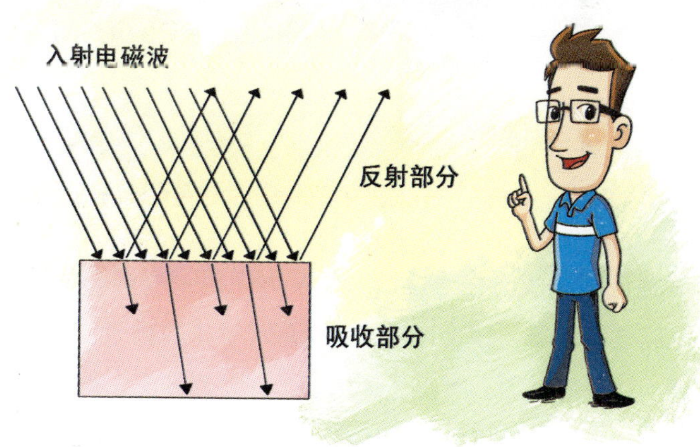

电磁波与地物的作用形式

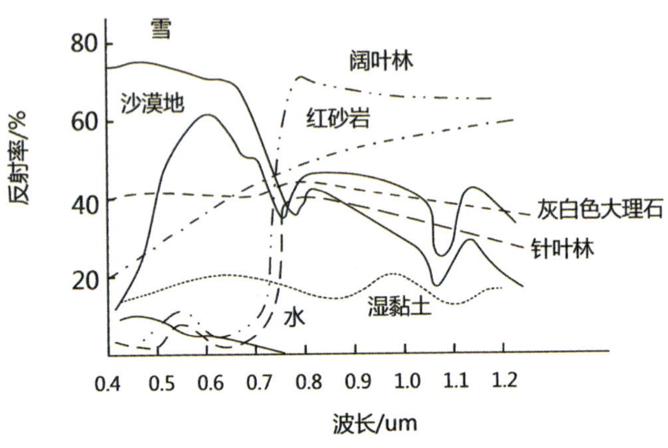

典型地物的反射特性

5. 什么是遥感传感器?

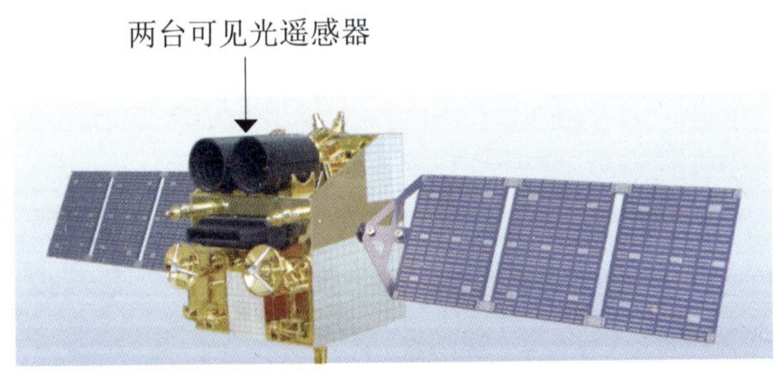

中国“高分一号”遥感卫星及其搭载的可见光遥感器

遥感传感器（简称遥感器）就是远距离接收地物和环境发射或反射电磁波的仪器。按设计时选用电磁波谱中的频率或波段，遥感器可划分为紫外遥感器、可见光遥感器、红外遥感器、微波遥感器等。按记录目标电磁波是否能形成图像，遥感器可分为成像遥感器和非成像遥感器两类。按是否带有电磁波发射源，遥感器又可分为有源（主动式）遥感器和无源（被动式）遥感器两类。

6. 什么是航天遥感、航空遥感和地面遥感？

用于安置各种遥感器，使其从一定高度或距离对地面目标进行探测，并为其提供技术保障和工作条件的运载工具称为遥感平台。依据遥感平台的位置不同，遥感主要可分为航天遥感、航空遥感和地面遥感。

航天遥感：遥感器安置于环地球的航天器上（如人造地球卫星、航天飞机、空间站、火箭等）。

航空遥感：遥感器安置于航空器上（主要有飞机、飞艇、气球等）。

地面遥感：遥感器安置于地面平台上（如车载、船载、手提、固定或活动高架平台等）。

航天遥感、航空遥感和地面遥感组成了一个多层次的遥感信息获取系统，为完成各种遥感探测提供了技术保证。

航天遥感

航空遥感

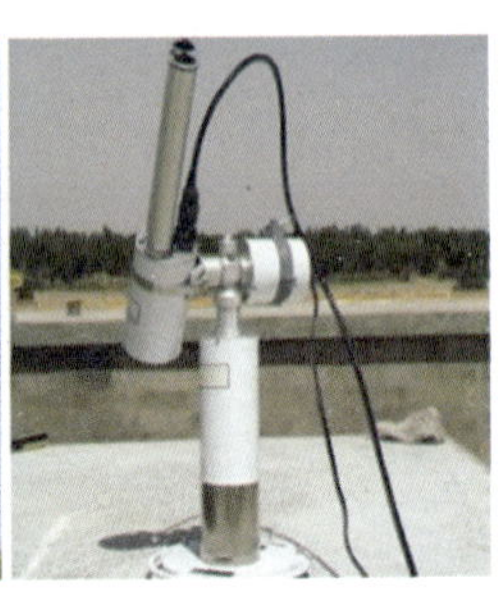

地面遥感

7. 遥感获取图像的原理与手机拍照一样吗?

手机上的相机、家用数码相机以及遥感卫星上的遥感器获取图像的原理，都与人眼“成像”的原理基本类似。物体发射或反射的光线，经过光学镜头聚焦成很小的光束，然后由感光器对光线的照射做出反应并记录下来，就形成图像。

图像获取原理

手机上的相机、家用数码相机以及遥感卫星上的遥感器获取图像的原理，都与人眼“成像”的原理基本类似。物体发射或反射的光线，经过光学镜头（相当于眼球）聚焦成很小的光束，然后由感光器（相当于视网膜）对光线的照射做出反应并记录下来，就形成了图像。区别在于遥感使用的遥感器成像功能更加强大，拍摄距离更远，可以放置在距离地面几百千米远的卫星上对地面进行拍照。另外，普通相机只能记录可见光形成的图像，而遥感还可以获取可见光谱范围以外其他波长的不可见电磁波的图像（如紫外图像、近红外图像、中红外图像、远红外图像、微波图像等）。这些图像中包含大量的信息，可以帮助人们了解地球大气、水体、土壤污染等环境信息。

8. 遥感卫星获取的图像怎样传送到地面？

早期的遥感卫星使用胶片相机拍摄图像。当卫星上所有的胶片拍摄完毕，卫星返回地球表面，科学家回收这些胶片，在地面完成图像处理工作。随着数字成像技术的发展，目前遥感卫星获取的图像和手机拍摄的照片一样均为数字图像。所以，现在遥感卫星获取的图像都是通过电磁波传回地面，传送原理与手机通信类似。地面接收遥感卫星图像的工作由遥感卫星地面接收站完成。当卫星飞临遥感卫星地面接收站覆盖范围上空时，遥感卫星将获取的数字图像通过电磁波传送到接收站。

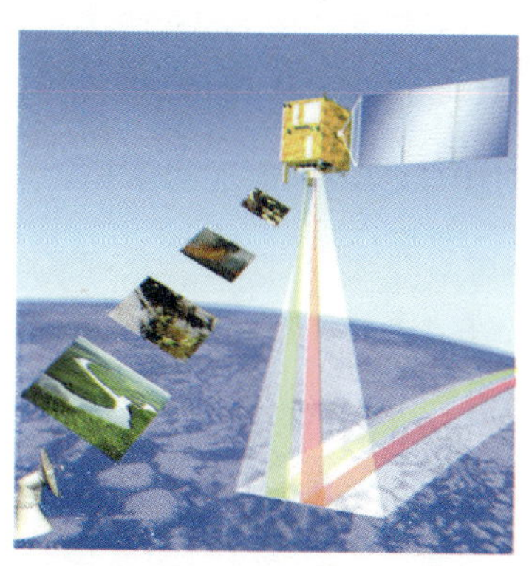

地面站通过无线电接收遥感卫星图像

9. 中国有哪些遥感卫星地面接收站？

密云遥感卫星地面接收站

遥感卫星地面接收站是跟踪、接收、记录、处理遥感卫星数据的地面系统。中国自 1986 年以来已经建立了北京密云、新疆喀什、海南三亚遥感卫星地面接收站，三站组网可覆盖亚洲 70% 陆地区域。近年来，西南站和极地站也正在建设当中。中国遥感卫星地面接收站是全球接收与处理卫星数量最多的机构之一，接收并保存了自 1986 年以来的各种卫星数据资料，是中国最大的对地观测卫星数据档案库。

10. 遥感卫星图像使用前需要做哪些处理？

遥感卫星获取的图像包含了丰富的信息。为更好地利用遥感图像所包含的信息，必须对原始的图像进行一系列的处理才能使用，这些处理过程被称为遥感图像处理。遥感图像处理主要包括辐射校正、几何校正等内容。辐射校正主要是消除由于大气和遥感器自身原因产生的目标探测值与真实值的偏差。几何校正是消除由于飞行器姿态、高度、速度和地球自转等因素造成遥感图像相对于地面目标发生的变形。处理后的遥感图像更为清晰，目标地物更加突出，便于识别。

地面站接收到的遥感卫星原始图像

相对辐射校正后图像质量明显提高

几何校正后图像定位精度提高

11. 怎样从遥感图像上获取所需要的信息？

依据遥感图像上的地物特征，识别地物类型、性质、空间位置、形状、大小等属性的过程叫作地表信息提取。获取遥感图像上所需要信息的方法主要有目视判读法、计算机分类法、遥感反演等方法。目视判读法依据直接表现目标地物信息的遥感图像的各种特征（包括遥感图像上的色调、色彩、大小、形状、阴影、纹理、图型、位置等）目视解译来获取所需信息。计算机分类法利用计算机的处理能力，根据一定规则对遥感图像进行特征分析，提取出各种有用的信息，其分析处理的结果多为各种形式的专题图。遥感反演方法通过对不同波段、不同时相的遥感图像分析并建立数学模型，反演获取地物的性质和发展变化信息；或根据地学规律，分析地物之间的内在必然分布规律，由某种地物推断另一种地物的存在及属性（例如，由植被类型可推断出土壤的类型，根据建筑密度可判断人口规模等）。

依据图像色彩特征采用目视判读法提取森林火灾后树木存活状况信息

12. 遥感卫星工作寿命有多久？

遥感卫星在发射后实际的工作寿命取决于许多因素。第一大影响因素是人造卫星本身：人造卫星各部件都是有寿命限制的，一旦某一部件超过了寿命期出现故障就可能导致整个卫星失效。第二大影响因素是空间环境：人造卫星在运动过程中要受到各种外力的作用（包括大气阻力，太阳光压，日、月引力等），这些外力的影响常常导致人造卫星的轨道形状和大小都发生变化，对卫星运动轨道在空间的位置和寿命的长短都起着重要作用。第三大影响因素是轨道高低：一般低轨道卫星寿命比较短，高轨道卫星寿命相对较长。这主要是因为轨道高度较低时，大气产生的阻力较大。提高遥感卫星的寿命，可以产生很大效益。因此，在卫星设计制造阶段，要综合考虑影响卫星寿命的种种因素，并想办法尽可能消除或削弱不利因素，提高其使用寿命。例如，中国已发射的“高分四号”遥感卫星，其设计寿命为8年。

遥感卫星在发射后实际的工作寿命取决于许多因素。第一大影响因素是卫星本身，第二大影响因素是空间环境，第三大影响因素是轨道高低。

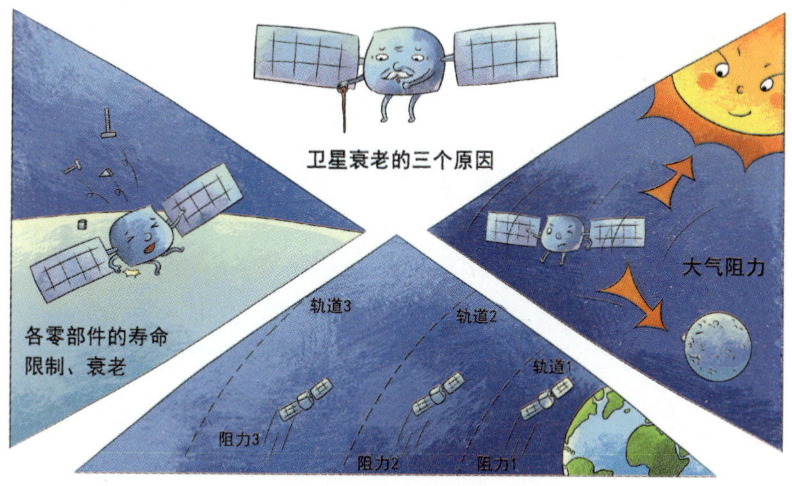

影响卫星寿命因素示意图

13. 遥感卫星可以在天上静止不动吗？

遥感卫星在太空中会受到两种力的作用：一是卫星发射进入太空后会保持一定的运行速度，由此产生的离心力；二是地球对卫星的引力。这两种力的作用方向相反，引力指向地球质心，离心力指向外太空。当两种力大小相等时，卫星将会沿着一定的轨道围绕地球旋转。通过地球南北两极的轨道称为极地轨道，在这种轨道上运行的遥感卫星被称为极轨卫星。极轨卫星可以借助地球自转快速实现对全球任何地区的观测，因此，它不能在天上静止不动。但有一类运行轨道位于地球赤道上空的遥感卫星，其运行方向和速度与地球自转方向和速度相同，从地面上看起来好像是静止一样，这类卫星被称为地球同步轨道卫星，又叫作静止卫星，但其本身并不是静止不动的。

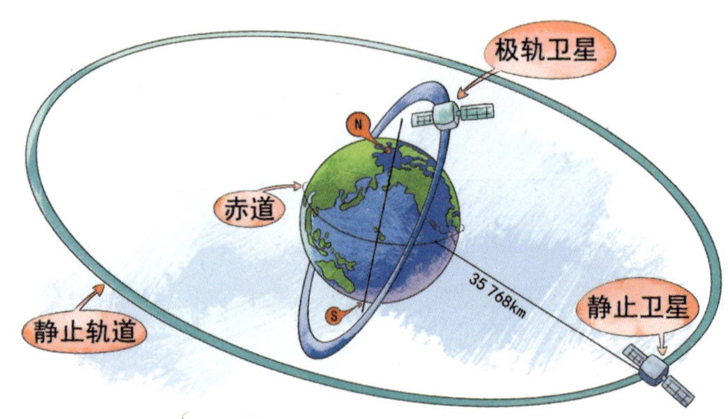

遥感卫星在太空中会受到两种力的作用：一是卫星发射进入太空后会保持一定的运行速度，由此产生的离心力；二是地球对卫星的引力。

极轨卫星和静止卫星

14. 夜间能进行遥感吗？

自然界中一切物体只要其温度高于 0 K（约为 −273.15℃）都可以向外辐射红外线。热红外线（或称热辐射）是自然界中存在最为广泛的辐射。热辐射可以使人们在完全无光的夜晚，清晰地观察到目标的情况。因此，夜间也能够进行遥感。人眼无法直接看到目标表面的热辐射分布，但热红外遥感器可以将其变为人眼可视的热图像。这使得人们可以利用热辐射，对物体进行全天候无接触的温度测量和热状态分析，为环境监测等应用提供重要的遥感手段。

热红外遥感图像

15. 阴雨天能进行遥感吗？

全球有 40% ～ 60% 的地区常年被云层覆盖，平均日照时间不足一半，尤其是占地表 3/5 的海洋上空更是如此。可见光遥感只能在晴朗无云或有薄云的白天获得地表信息，红外遥感虽然可以克服夜间障碍，但仍不能穿透云雨，在阴雨天也无法工作。因此，当地表在阴雨天气条件下被厚云层遮盖时，无论是可见光遥感还是红外遥感均无能为力。由于微波波长比红外波要长得多，对云层、雨区的穿透能力较强，基本上不受烟、云、雨、雾的限制，因此阴雨天可以利用微波进行遥感。微波遥感器发射的微波能穿透云雨，并接收地表反射回的信号，实现对地面的微波成像。微波遥感对经常有云雨的热带雨林地区十分有意义。例如，在非洲热带雨林地区的国家喀麦隆以前利用可见光遥感，经过 20 多年只拍摄了全国 9% 的地区；后来利用微波遥感，仅用 90 天就完成了全国影像的采集。

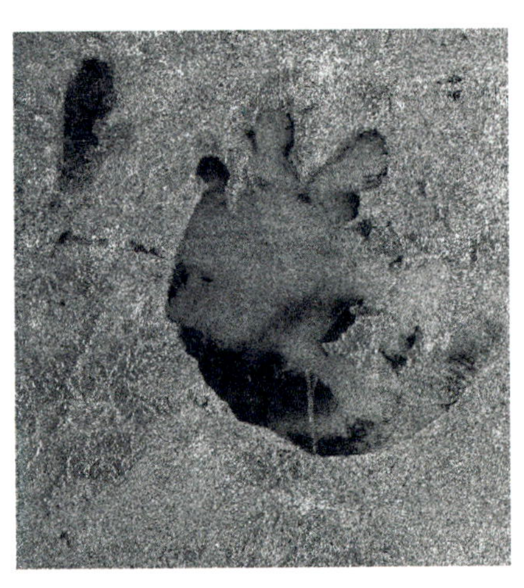

太湖的微波遥感图像

16. 遥感卫星能看清楚地面上的人吗？

遥感卫星能否看清楚地面上的人，取决于获取的遥感图像的空间分辨率。空间分辨率是指遥感图像上能够分辨的最小单元（像素）所对应的地面尺寸。例如，遥感卫星图像的空间分辨率为 1 m，也就是说该卫星图像上一个像素对应地面上 1 m×1 m 的面积。图像的空间分辨率越高，对地面目标的几何分辨能力越强，地物细节表现越清晰；反之，对地面目标的几何分辨能力越弱，地物细节表现越模糊。下面四幅图像是不同空间分辨率的遥感图像：在 1 m 分辨率影像上，道路宽度、房屋布局、场馆形状及纹理都能看得很清楚；随着分辨率降低，地物变得越来越模糊，到 20 m 分辨率时地物几乎无法分辨。目前，已知空间分辨率最高的遥感卫星为美国“锁眼”侦查遥感卫星，其空间分辨率达到 0.1 m，从其获取的图像可以清楚地看到地面上的人。虽然高分辨率图像上地物细节表现得更清楚，但并不是分辨率越高越好，还要从实际应用需求出发。例如，对于气象卫星而言，3 km 的空间分辨率就足够了，过高的分辨率会导致数据存储量巨大。

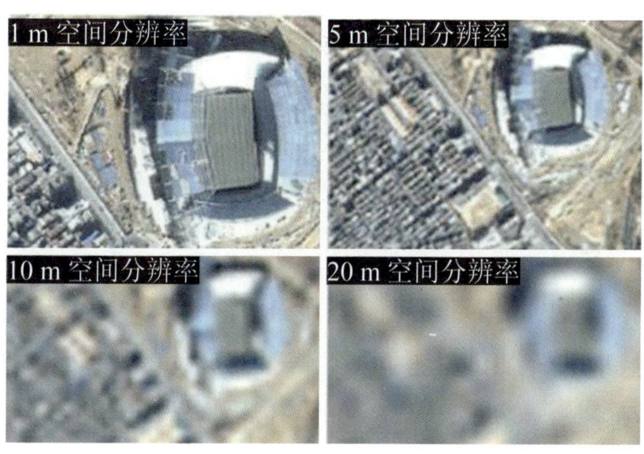

不同空间分辨率的卫星遥感图像

17. 遥感卫星能随时观测我们吗？

遥感卫星能否随时随地观测到我们，取决于遥感图像的时间分辨率。遥感图像的时间分辨率是指对地表同一区域进行的相邻两次遥感观测的最小时间间隔，又称为重访周期。对卫星遥感而言，时间分辨率与卫星高度、传感器视场角大小、传感器观测角度等因素有关。在周期性的对地观测中，时间分辨率越高，对地面动态目标的监视、变化检测、运动规律分析越有利。例如，Landsat 系列卫星的重访周期是 16 d，SPOT 系列卫星的重访周期是 26 d，QuickBird 卫星的重访周期是 1 ～ 3.5 d，而静止遥感卫星重访周期可以缩短至 0.5 h。从遥感卫星被首次观测到，到再次被观测到需要经过一个重访周期。在这个重访周期内，遥感卫星是观测不到在同一个地点的我们。

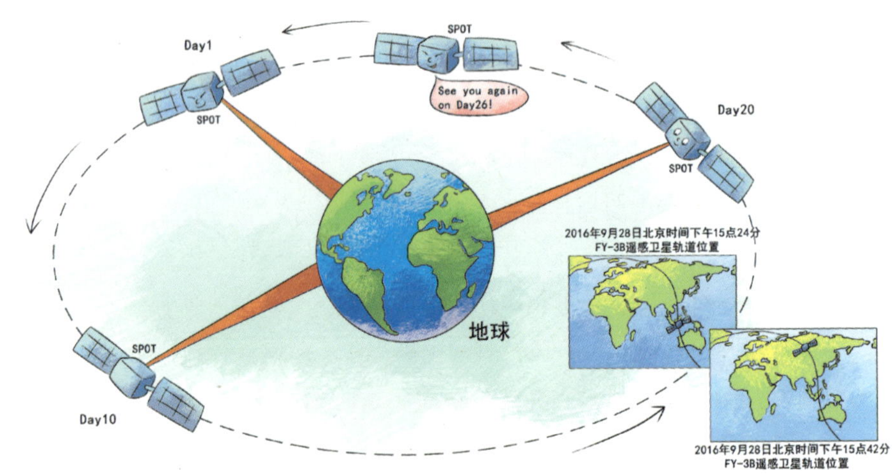

遥感卫星能否随时随地观测到我们，取决于遥感卫星图像的时间分辨率。时间分辨率与卫星高度、传感器视场角大小、传感器观测角度等因素有关。在周期性的对地观测中，时间分辨率越高，对地面动态目标的监视、变化检测、运动规律分析越有利。

18. 遥感卫星一次能观测多大区域？

遥感卫星一次能够观测到多大区域由遥感卫星图像的幅宽决定。所谓幅宽，即遥感卫星图像所代表的实际地面覆盖宽度。它是卫星遥感应用的重要指标，图像幅宽越大则越便于应用，实用性越强。但遥感卫星图像幅宽往往与其空间分辨率是一对矛盾体，增大幅宽则需要降低空间分辨率。因此，需要根据实际需求来设计遥感卫星图像幅宽。目前的遥感卫星图像幅宽从几千米到几千千米不等。例如，中国“高分二号”遥感卫星图像幅宽为 45 km；而“风云二号”遥感卫星图像幅宽度可达 8 000 多 km，一幅图像可以覆盖整个中国区域。

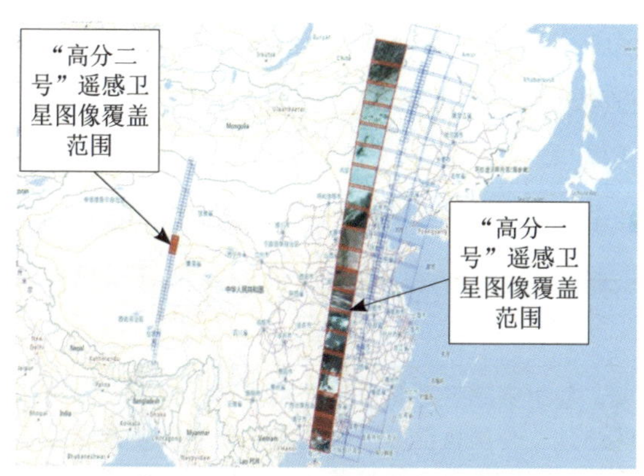

不同幅宽的遥感卫星图像覆盖范围

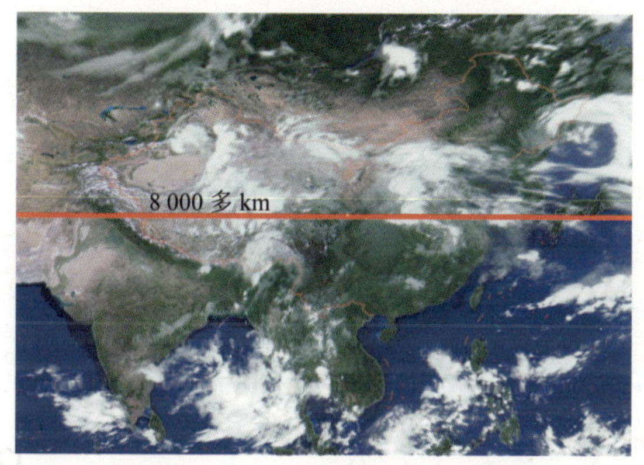

中国"风云二号"卫星遥感图像幅宽

19. 哪些国家能研制和发射遥感卫星？

能够研制、发射遥感卫星是一个国家具有强大综合国力和科技水平的体现。中国是世界上少数能够研制和发射遥感卫星的国家之一。除中国外，目前世界上还有美国、俄罗斯、法国、英国、日本、印度、以色列和韩国等国家也可以研制和发射遥感卫星。遥感卫星一般是由各国政府的航天部门来负责研制、发射，如中国国家航天局（CNSA）、美国国家航空航天局（NASA）。另外，一些经政府授权的商业公司也可以研制和发射遥感卫星，如中国的吉林长光卫星技术有限公司（研制了“吉林一号”遥感卫星）、美国的DigitalGlobe公司（人们比较熟悉的谷歌地球所使用的部分卫星图像就来自这家公司）。

能研制、发射遥感卫星是一个国家具有强大综合国力和科技水平的体现。中国是世界上少数能够研制和发射遥感卫星的国家之一。目前世界上还有美国、俄罗斯、法国、英国、日本、印度、以色列和韩国等国家也可以研制和发射遥感卫星。

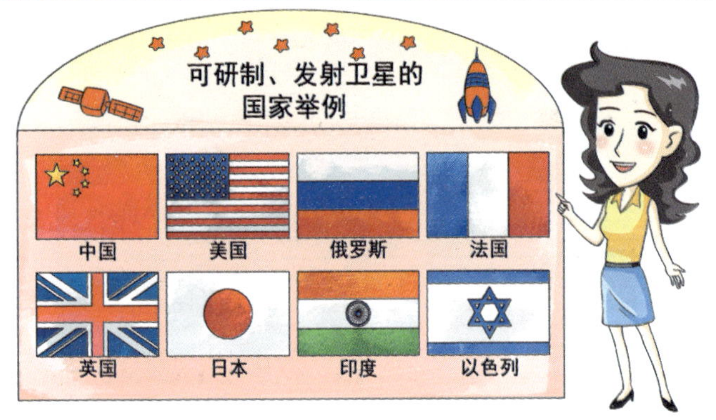

20. 中国有哪些卫星发射场地？

中国著名的四大卫星发射场地包括：（1）酒泉卫星发射中心。因其地理位置属内陆及沙漠性气候，地势平坦、全年少雨、白天时间长，每年约有300 d可以进行发射试验，适宜发射返回式航天器。（2）西昌卫星发射中心。它是中国目前对外开放的卫星发射中心之中规模最大、设备技术最先进、承揽国外卫星发射任务最多、具备发射多型号卫星能力的新型航天器发射场。（3）太原卫星发射中心。主要用于发射资源、海洋、环境等系列极轨遥感卫星。（4）文昌卫星发射中心。因位于低纬度可以借助近赤道的较大线速度以及惯性带来的离心力，使火箭燃料消耗大大减少（同型号火箭运载能力可增加10%）；它还可通过海运解决巨型火箭运输难题并提升残骸坠落的安全性。最适宜地球同步轨道卫星、大质量极轨卫星、大吨位空间站和深空探测卫星等航天器的发射。

酒泉卫星发射中心

西昌卫星发射中心

太原卫星发射中心

文昌卫星发射中心

21. 中国已发射的遥感卫星有哪些？

根据观测对象、目的及服务领域的不同，遥感卫星可划分为地球资源遥感卫星、海洋遥感卫星、气象遥感卫星、环境遥感卫星等。

地球资源遥感卫星已经发射了中巴地球资源遥感卫星 01 星、02 星和 02B 星、“资源一号”遥感卫星和“资源三号”遥感卫星。

海洋遥感卫星已经发射了“海洋一号”A 星、“海洋一号”B 星和“海洋二号”遥感卫星。

气象遥感卫星共发射了“风云一号”“风云二号”和“风云三号”三代卫星。其中“风云二号”系列是静止卫星，“风云一号”和“风云三号”系列为极轨卫星。

环境遥感卫星已经发射了“环境 1A”星、“环境 1B”星和“环境 1C”星。

“吉林一号”系列遥感卫星包括 1 颗光学遥感卫星、2 颗视频卫星和 1 颗技术验证卫星。

高分系列遥感卫星已发射了“高分一号”“高分二号”“高分三号”“高分四号”等遥感卫星。到 2020 年前后，中国将全面建成自主高分辨率对地观测卫星遥感系统。

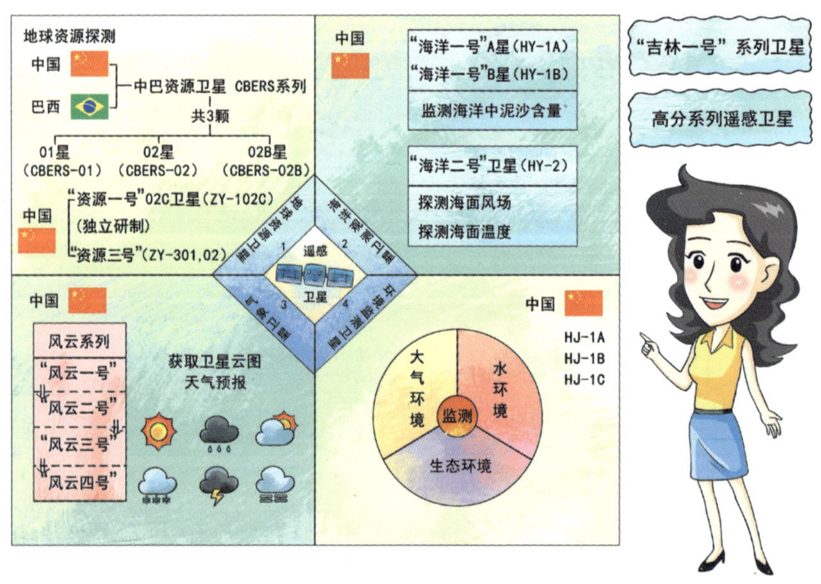

中国已发射的遥感卫星示意图

22. 通过哪些渠道可以获取卫星遥感图像？

过去，人们主要通过卫星数据提供商高价购买卫星遥感图像。随着各国遥感技术的快速发展和数据共享意识的提高，遥感数据资源开始在网络上免费发布。目前，公众主要可以通过以下几个渠道获得卫星遥感图像：

（1）卫星数据提供商：公众可以直接从卫星数据收集分发部门购买获得遥感图像，如遥感卫星地面站等。

（2）遥感数据共享平台：如美国地质勘探局（USGS）数据共享平台，中国资源卫星应用中心陆地观测卫星数据服务平台，对地观测数据共享服务网等。

（3）导航地图：随着智能手机的普及，导航地图也都加入了卫星影像图层，公众可以从导航地图或者谷歌地图（Google Earth）上直接获取某一区域的卫星遥感图像。

1. 卫星数据提供商

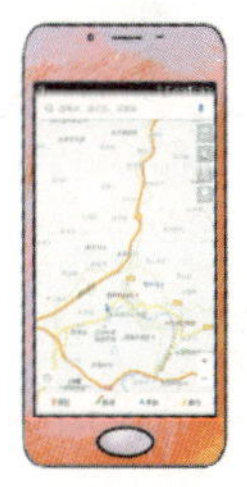
3. 导航地图

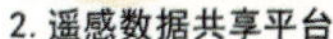
2. 遥感数据共享平台

（1）美国地质勘探局（OSGS）数据共享平台
（2）中国资源卫星应用中心陆地观测卫星数据服务平台
（3）对地观测数据共享服务网
……

公众获取遥感卫星图像的渠道

23. 外国人可以免费获取中国卫星遥感图像吗？

卫星图像分为民用卫星图像和军事卫星图像。从国家安全出发，军事卫星图像不公开发布。而对于民用卫星图像，中国正积极推动遥感卫星数据的国际共享及合作。2012 年，着手建立的中国 - 东盟遥感卫星数据共享与服务平台，使东盟各国可以获取、使用中国的中低分辨率遥感卫星 CBERS-04 数据，实现了卫星数据在东盟地区的共享；2013 年，中国国家航天局与亚太空间合作组织签署《关于对地观测卫星数据合作的协定》，中国将充分利用“高分一号”、资源卫星、气象卫星、海洋卫星等遥感卫星，为亚太空间合作组织各成员国提供卫星遥感应用服务，减轻亚太地区自然灾害风险与损失；2014 年，中国向联合国提供了 30 m 分辨率全球地表覆盖数据，各成员国、联合国系统机构和国际社会均可免费获取。随着中国卫星数量增多，数据质量更加可靠，越来越多的外国民众可以免费获得中国的卫星遥感图像。

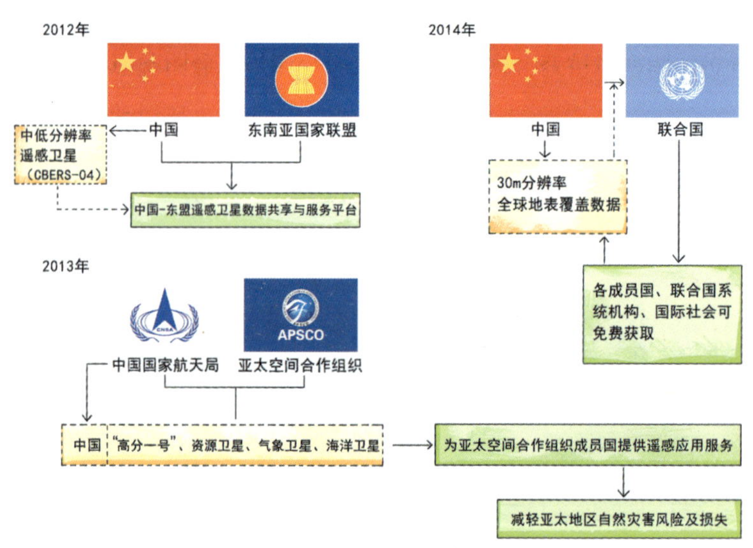

中国遥感卫星影像的国际共享

HUANJING YAOGAN

ZHISHI WENDA

环境遥感知识问答

第二部分
水环境遥感

24. 浑浊水体和清洁水体在遥感图像上有什么区别？

观察遥感图像时会发现，越浑浊的水体，在遥感图像中越亮，反之越清洁的则越暗。这其中的原因首先要从人眼直接观察水体时说起，如果是清洁水体，透明度高，人们可以直接看到水底；而对于浑浊水体，人们只能看到离水面很近的水层。从光学的角度来看，太阳光很容易穿过清洁的水体并照亮水底，部分光被水底反射出水面到达人眼；然而对于浑浊水体，太阳光所经历的路程要曲折得多，水中有大量的悬浮物质，对入射光进行散射、反射及衍射。水体的浑浊度越大，水下散射光越强，水体反射亮度越大，从而卫星传感器接收到的水体反射辐射越多。因此，水体越浑浊，在遥感图像中会越亮。这一特点是通过遥感图像初步判别水体浑浊度的重要依据。在下图中，江水浑浊，海水相对较清洁，就得到我们所看到的亮暗不均的水体遥感图像。

浑浊和清洁水体遥感图像

25. 遥感可以监测河流和海岸带的悬浮泥沙含量吗？

水体中悬浮泥沙含量的大小直接影响水体的透明度、浑浊度，也影响水体的生态条件和河道、海岸带的冲淤变化过程。悬浮泥沙含量估算的常规手段是用船逐点采样和分析。这种手段调查速度慢、周期长，且只能获得在时间、空间分布上都很离散的少量数据点，而河流和海岸带地区水流情况复杂多变，悬浮泥沙含量的时间变化很快，这种在时空分布上很离散的采样数据很难使人们掌握大面积水域悬浮泥沙含量的准确信息。卫星遥感可以瞬时获取大面积的水体悬浮泥沙图像，通过悬浮泥沙在图像中的成像特征，建立悬浮泥沙含量与其在图像上亮度、颜色等的关系，实现对悬浮泥沙含量的估算，对分析水体悬浮泥沙输移和沉降十分方便、快捷和有效。另外，还可以通过不同时间获取的遥感图像之间的对比，监测悬浮泥沙含量的动态变化。

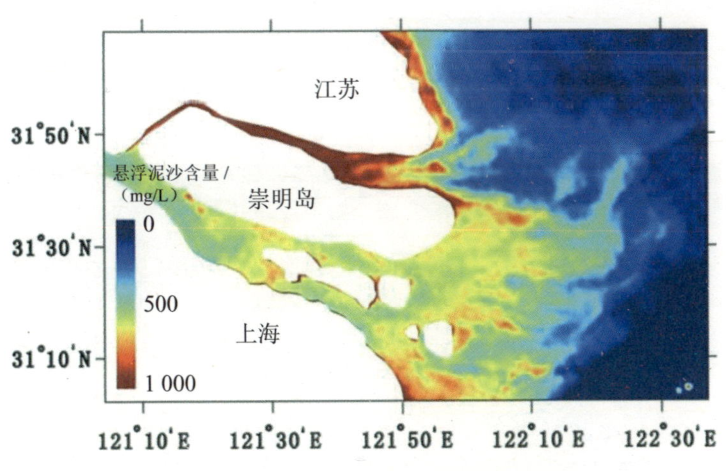

长江口附近海域悬浮泥沙含量遥感监测图像

资料来源：海洋学报。

26. 遥感可以监测城市黑臭水体吗？

随着我国城市化和工业化进程的加快，一些城市水体，尤其是中小城市水体，直接成为工业废水、农业非点源污染和生活污水的主要排放通道和场所，导致城市水体大面积污染，引起水体富营养化，形成黑臭水体。所谓“黑臭”，是指在视觉上河流水体呈现因污染而产生的明显异常颜色（通常是黑色或泛黑色），同时在嗅觉上引起人们感觉不适甚至厌恶的气味，是水体感官性污染最常见的一种现象。利用遥感技术进行城市黑臭水体监测的主要机理是被污染水体具有独特的有别于清洁水体的光谱特征，表现出其对特定波长的光的吸收或反射特性的差异，能在遥感图像中体现出来。利用遥感监测城市黑臭水体，可以快速得到黑臭河道污染源的类型、位置分布以及污染的分布范围等，并且能快速查找到河道污染物的分布、排放口、生活污水管道，极大地节省了人工调查的成本。此外，通过采集黑臭水体治理前后的高分辨率卫星遥感影像，还可以客观科学地分析评价治理效果。

城市黑臭水体

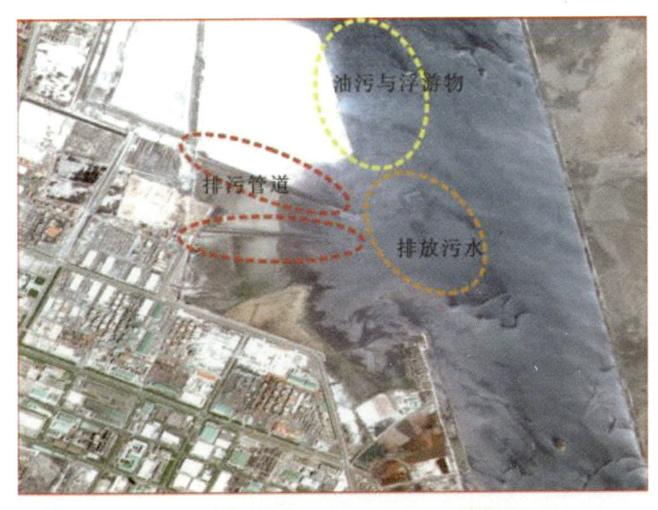

城市黑臭水体遥感监测图

资料来源：地理国情监测云平台。

27. 遥感可以监测饮用水水源地的水质吗？

饮用水水源地的常规水质监测采取人工现场采样并进行实验室分析的方法，很难全面及时地掌握水体水质的动态变化。尤其对于水源地的突发环境污染事故，即便部署在线监测系统也难以起到预警和风险评估的作用，事后也难以进行追踪调查。水质遥感监测是利用遥感对水体质量优劣进行定量监测的一种技术，它通过水体对各种波长电磁反射强度与水质之间的定量关系，来实现水质的遥感图像的判别和定量分析。饮用水水源地水质遥感监测与普通水体监测原理一致，但由于水源地多位于江河湖泊中，要进行饮用水水源地的水质监测，除了对其本身进行监测外，还需要对其周边上下游水质有所了解。遥感为饮用水水源地及其周边水体水质状况的调查和监管提供了快速有效的手段。

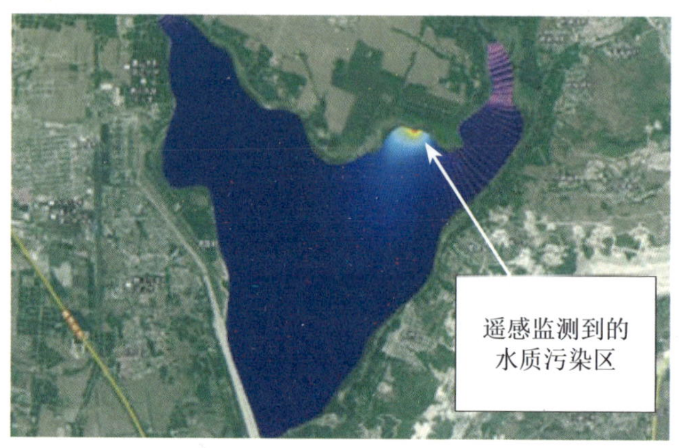

饮用水水源地水质污染遥感监测图

28. 遥感可以监测湖泊水华吗？

巢湖暴发蓝藻水华

水华是在淡水湖泊水体中，由于大量生活污水和工业废水排放以及农业非点源污染等造成的水质富营养化，诱使某些蓝、绿藻类（特别是蓝藻）等大量繁殖，使水体形成了一层较厚的蓝绿色藻膜，藻类死亡腐败后分解出有毒有害物质并大量消耗水体中的溶解氧，使水体产生恶臭的一种水环境污染现象。藻类水华主要发生在富营养化的湖泊或池塘中，遥感技术提供了快速大范围监测藻类水华的可能。水华暴发后，湖泊水体的叶绿素含量显著升高，导致水体光谱特征发生变化，使蓝、红光反射率降低而近红外波段反射率升高。通常，藻类覆盖区域光谱特征与无蓝藻湖面有显著差异。据此可以利用卫星遥感图像直观全面地监测整个湖泊的蓝藻水华空间分布情况，还可以实现连续动态监测并进行水华的预测和预警。

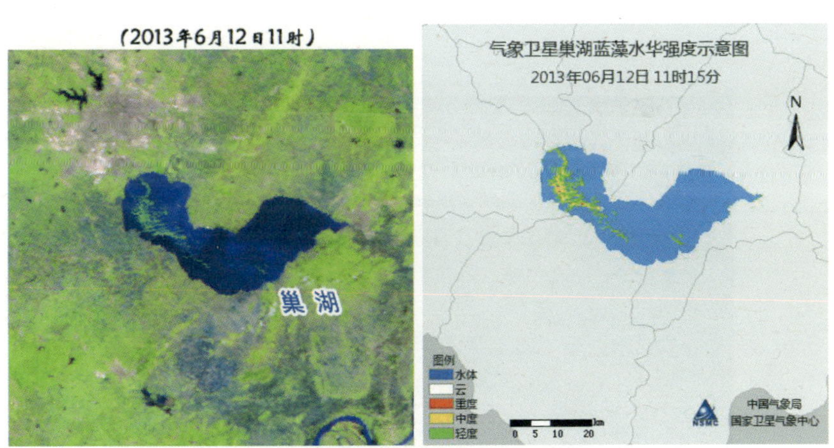

巢湖蓝藻水华遥感监测图像

资料来源：中国国家卫星气象中心网站。

29. 遥感可以监测海洋赤潮吗？

赤潮是海水中某些浮游植物、原生动物、细菌暴发性增殖或高度聚集而引起水体变色的海洋环境污染现象。向海洋排放含氮、磷的工业废水、生活污水，高密度养殖等人为因素，使海洋赤潮发生的频率和范围都大大增加。赤潮频发对海洋环境造成很大危害，使鱼虾、贝类因缺氧或中毒而死亡。赤潮虽然称为“赤”，但并不一定都是红色。近年来，由抑食金球藻类引发的“褐潮”、由浒苔类引发的“绿潮”等也不少见。利用卫星遥感可以快速大范围监测海洋赤潮。赤潮生物主要是浮游藻类，其细胞壁含有叶绿素和类胡萝卜素。因而，赤潮的颜色与清洁海水是不一样的，据此可在遥感图像上圈定赤潮的范围并根据像元多少测定其面积。下图为利用卫星遥感监测到的大范围海洋赤潮。

海洋赤潮

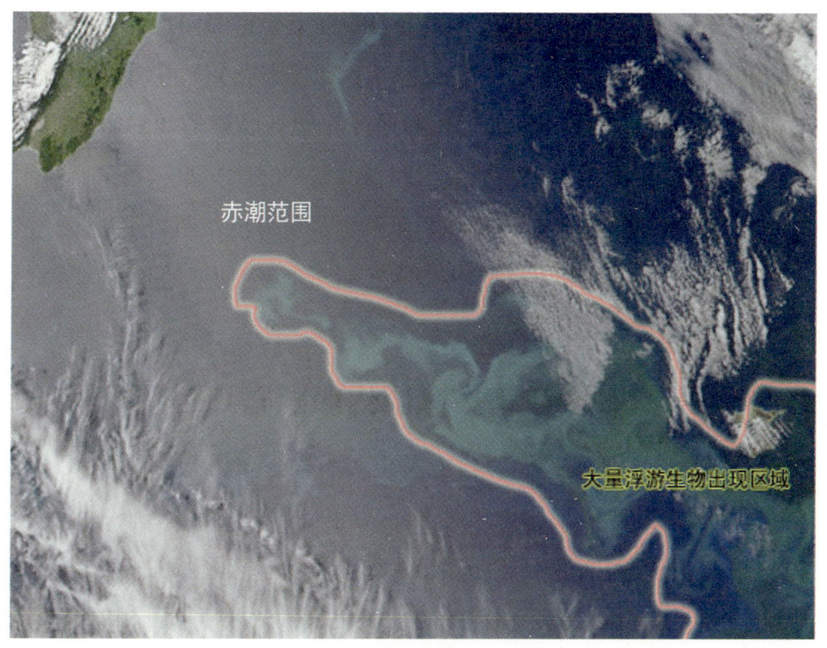

海洋赤潮遥感监测图像

30. 遥感可以监测海上漂浮的固体废物吗？

海面上漂浮的固体废物是海洋垃圾，来源主要有：（1）陆域排出的污染物。沿海众多港口、单位和居民生产生活中产生的固体废物垃圾进入海域中，包括塑料制品、木头、废渣等。（2）海上船舶的排放物。（3）海上水产养殖产生的废弃物。如泡沫塑料漂浮被海水击碎形成的碎片等。(4)船舶事故或海上飞机失事等产生的固体碎片。这些固体漂浮物会给海洋环境造成污染。固体废物与海水有着显著不同的光谱特征，在遥感图像上对比十分明显。因此，利用高分辨率遥感图像可以发现海面上漂浮的固体废物。

遥感监测到的海上漂浮的固体废物

31. 遥感可以监测海洋溢油污染吗？

海洋溢油是常见的海洋污染之一，溢油事故往往造成大面积海域污染，引发严重的生态环境破坏。海洋溢油主要来自船舶碰撞、翻沉、海洋采油平台储油输油设施的泄漏。石油因风、浪、潮和洋流的作用可在几小时内迅速蔓延在大面积海洋表面，形成一个薄层，称为“浮油”。遥感利用可见光、红外线、微波雷达等探测波段在海面的反射特性，可以监测到溢油薄层。在可见光图像上油层的反射普遍高于海水，利用这一特征监测海表溢油是最有效的应急监测手段。但这种手段只能在白天观测，并且会受到云、雾等天气因素影响。微波遥感可以主动发射微波，穿云透雾，不受天气影响。微波信号被水表面的毛细波浪反射，水体区域图像较为明亮。由于溢油抑制了毛细波浪，降低海表面的反射，因此在微波图像上表现为暗色区域。下图是遥感监测到的海洋溢油情况，红色带状物为油污带。

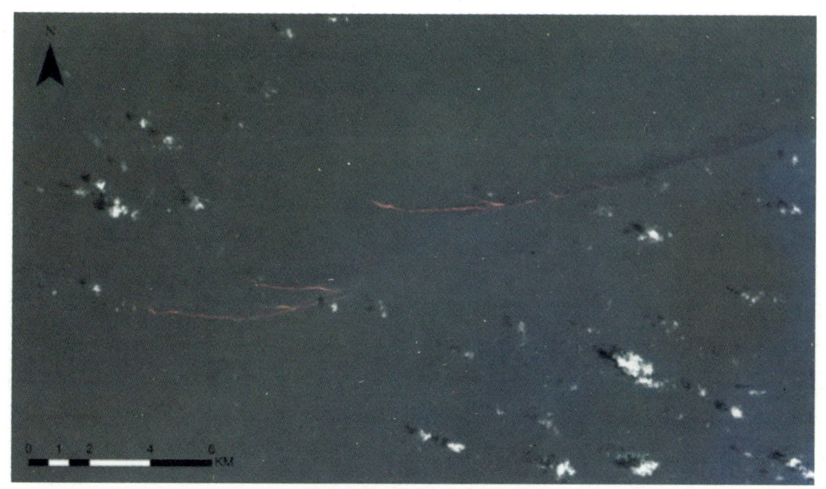

海洋溢油遥感监测图像

32. 遥感可以监测水体热污染吗？

由于人类活动向水体排放的“废热”引起环境水体的增温效应而产生的污染被称为水体热污染。水体热污染可直接影响水生生物的多样性，导致局部水体生态系统的破坏。热污染水体与周围水体有明显的温度差，可以通过实地测量进行监测。但这种方式成本高、时效性差，难以反映大范围水体的情况。遥感通过热红外图像来获取水体温度信息，能够识别水体热污染的区域和来源、分析其变化趋势。卫星遥感甚至可以获取全球海面温度数据，识别水体温度异常，在全球尺度上分析调查海水的热污染状况。

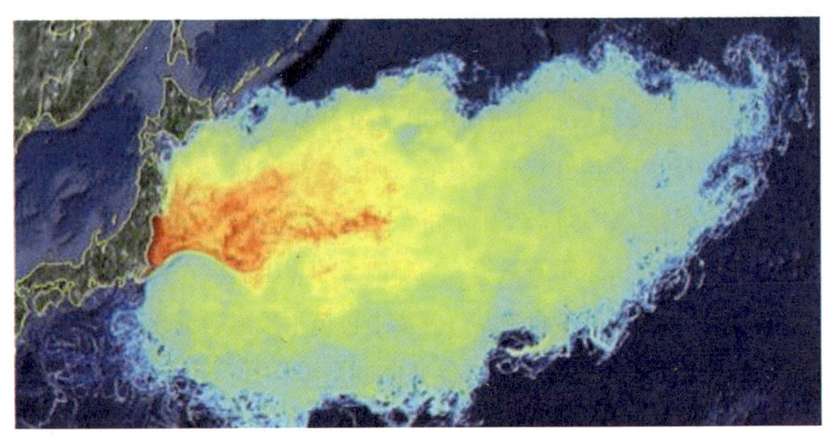

水体热污染遥感监测图

33. 遥感可以测量浅海海水深度吗？

用遥感探测水深就是探测一定频率的电磁波经过水体作用后的变化。可见光波段探测的主要原理是基于光线对水体的透射，可见光在水中的衰减越小，对水体的穿透性就越好，能探测的水深就越深。使用可见光遥感探测水深，最有效的波段范围是在蓝光（0.45 μm）和黄光（0.60 μm）之间。遥感器接收到这一波段范围的可见光反射信号中包含有水深信息，通过大量观测探寻反射信号与用超声波探测的水深的关系（水越深，反射信号越弱；水越浅，反射信号越强）来计算水深。

HUANJING YAOGAN

ZHISHI WENDA

环境遥感知识问答

第三部分

大气环境遥感

34. 遥感可以监测近地面大气温度吗？

近地面大气温度（气温）作为近地面辐射交换和热量平衡的综合反映，参与植物蒸腾、光合作用等众多生物物理过程，是农业生态环境、城市热岛效应及气候变化等多个领域研究的关键指标。通常气温是指由气象台站用百叶箱测定离地表 1.5 m 高的近地面环境温度。站点观测的气温数据虽然时间序列长且数值精准，却难以代表气温的区域水平。具有空间连续成像特点的热红外遥感影像已成为可提供地球近地面气温时空信息的重要数据源。与人体会向外发射热量一样，地球（包括地球表面和地球大气）也会向周围辐射能量，并且地球表面的地物辐射能量的能力要强于大气。卫星接收到的热红外信号是陆地 - 大气体系中以地表信号为主、大气薄弱信号的混合信号。热红外遥感探测的信号受到大气的影响，从中能得到大气的温度信息。遥感方法主要通过原始热红外波段测量值（亮度温度）利用算法反演得到陆地表面温度（地温），再依据气温与地温的高度相关建立回归模型，从而间接估算近地表的气温。

35. 遥感可以监测近地面大气湿度吗？

大气湿度是表示大气中水汽含量多少或者空气潮湿程度的物理量。大气中的水汽是形成云、雾和降水等天气现象的重要因子，主要来自下垫面的蒸发，水汽的凝结或凝华改变水汽的含量，其分布是不均匀的。在垂直分布上，大气湿度随高度的增加而迅速减小。在 2 km 高度处不足地面的 1/2，5 km 处减到地面 1/10，90% 的水汽集中在 3 km 以下的低层大气中。一般用相对湿度来指示大气湿度。

相对湿度是指空气总的实际水汽压（即大气中水汽所引起的那部分压强）占同温度下的饱和水气压（即空气达到饱和时的水气压）的百分比。遥感监测近地面大气湿度主要有两种手段，一种是通过卫星对地面观测，另一种是利用地面的仪器对天空观测。两种手段的原理基本类似：首先利用水汽对不同电磁波吸收的特性，得到整层大气的湿度信息；然后通过对大气分层观测，就能得到近地面的大气湿度信息。

36. 遥感可以监测大气污染排放源吗？

通过地面站点观测等常规手段监测大气污染排放耗时耗力。高时间分辨率遥感图像可进行大气污染浓度的遥感动态监测，高空间分辨率遥感图像可以提供准确的地理位置，二者配合能够发现大气污染物的排放源，是监测大气污染物排放的一种有效手段。另外，遥感技术基本不受空间与地形条件制约，容易发现企业工厂的偷排偷放和脱硫设施停运等违规违法行为。下图为遥感图像发现的大气污染物排放源。

大气污染排放源遥感监测图像

37. 遥感可以监测农田秸秆焚烧污染吗？

农田秸秆焚烧

秸秆焚烧是灰霾的重要来源。在秸秆焚烧时，地面对应火点位置的温度很高，与远离火点的背景地面温度产生明显的差异。利用热红外遥感可以将这种温度差异反映在图像上。在热红外遥感图像上，高温燃烧、低温燃烧、未燃烧的区域表现为不同的颜色。因此根据图像上的颜色反差，结合相应的计算方法可以判断出是否有秸秆焚烧，以及焚烧情况如何。将这些信息综合可以绘制出针对秸秆焚烧监测的专题图，有利于政府部门快速、准确地了解研究地区的秸秆焚烧情况并做出决策。

38. 遥感可以监测温室气体浓度吗？

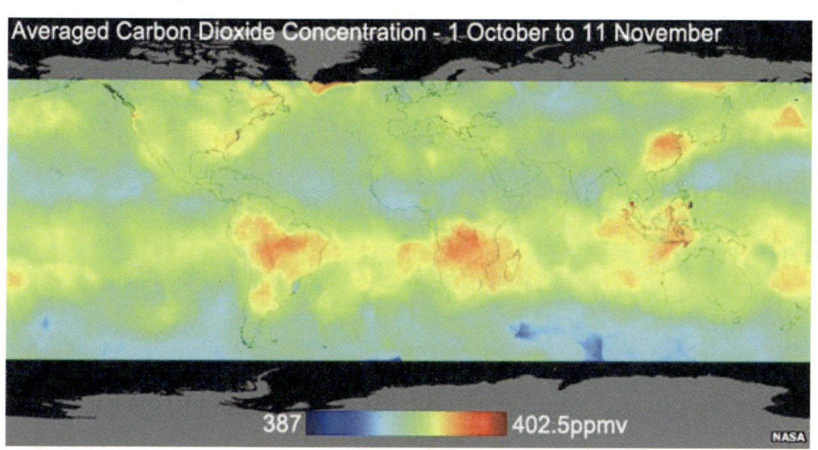

2014 年 10 月全球二氧化碳遥感监测图

资料来源：NASA 网站。

温室气体是指大气中那些能够吸收地球表面发射的长波红外辐射，对地球有保温作用的气体。地球大气中主要的温室气体包括水汽（H_2O）、臭氧（O_3）、二氧化碳（CO_2）、一氧化二氮（N_2O）、甲烷（CH_4）等。它们使地球表面变得更暖，类似于温室截留太阳辐射并加热温室内空气的效果。遥感监测温室气体主要是通过卫星搭载温室气体传感器来实现的。利用卫星遥感手段监测温室气体的原理主要是甲烷、二氧化碳等温室气体分子在近红外、热红外波段存在明显的振动、振动 - 转动、转动吸收带，利用高光谱分辨率的近红外波段反射太阳光谱或热红外波段地球发射光谱定量地反演温室气体的浓度。目前，国际上具备温室气体探测能力且应用比较成熟的高光谱分辨率卫星遥感器主要有 AIRS、TES、IASI、CrIs、SCIAMACHY，以及日本 GOSAT 卫星上的傅里叶变换光谱仪和美国 OCO-2 卫星上搭载的高分辨率光栅光谱仪等。中国气象局在2016年发射的“风云三号”气象卫星 D 星上搭载温室气体探测仪器。同时，由科技部立项研制的中国碳卫星在计划发射中。

39. 遥感可以监测大气污染气体浓度吗？

大气中的污染气体通常是指氮氧化物（NO_x）、二氧化硫（SO_2）、臭氧（O_3）、一氧化碳（CO）和挥发性有机物等。这类气体主要分布在大气低层的对流层中，与人为排放密切相关并且参与大气光化学反应较为活跃，能够通过一步或多步的化学反应最终生成近地面细颗粒物（$PM_{2.5}$），因其对空气质量和人体健康的影响显著而受到广泛关注。监测污染气体主要利用不同污染气体对不同波长电磁波的吸收特征来实现。基于污染气体分子结构在特定波段的吸收光谱特征，卫星遥感可以提取污染气体的吸收信息，进而监测污染气体的垂直柱浓度。例如，一氧化碳在电磁波红外波段有较强的吸收能力，可以利用红外高光谱遥感器来监测一氧化碳含量。

40. 遥感可以监测“臭氧空洞”吗？

大气中的臭氧（O_3）含量仅占 $1/10^8$。虽然极其微小，却可以吸收太阳光紫外线中对生物有害的部分，有效阻挡来自太阳紫外线的侵袭，使得人类和地球上各种生命能够生存和繁衍，因此对臭氧的监测十分必要。1985 年，英国科学家首次观测到南极上空出现了臭氧稀薄区，科学家形象地称为“臭氧空洞”。到 1994 年，南极上空的臭氧层破坏面积已达 2 400 万 km^2。近年来，在我国青藏高原上空也发现了臭氧分布稀薄区。由于臭氧对紫外线有很强的吸收效应，因此可以利用紫外遥感器来监测臭氧空洞。例如，美国“云雨七号”卫星上的臭氧监测仪用于监测臭氧含量。此外，还可以利用激光雷达发射激光束对臭氧进行探测。

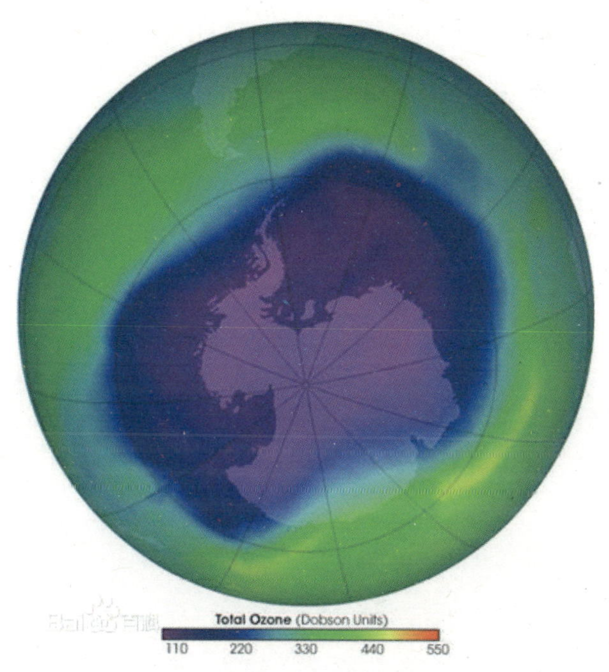

南极“臭氧空洞”遥感监测

资料来源：科学网。

41. 遥感可以监测灰霾分布范围吗？

近年来，我国灰霾污染频繁发生，给人们日常生活带来很大影响。目前，灰霾监测主要以地基站点为主，既难以观测灰霾的分布范围，也难以在区域尺度上监测灰霾的发展变化过程。此外，我国排放源复杂多变，不同地区差异大，单纯依靠地基站点的局地采样容易受到本地排放源的影响。卫星遥感为灰霾的大范围和动态监测提供了有效手段，利用灰霾有别于其他大气条件的显著成像特征，可以在卫星遥感图像上快速进行灰霾识别、灰霾光学厚度反演并获得灰霾分布范围。通过灰霾分布范围时空演变的长期监测，还可以帮助分析大面积强灰霾产生的原因。下图为 2013 年 12 月 7 日中国上空灰霾遥感图像，亮白色是云雾，暗灰色是遭到灰霾污染的大气。

灰霾照片

灰霾分布范围遥感监测图像

资料来源：NASA 网站。

42. 遥感可以监测沙尘暴吗？

沙尘暴是由特殊的地理环境和气象条件所导致的一种较为常见的自然现象，主要发生在沙漠及其邻近的干旱与半干旱地区。我国西北及华北大部分地区属于中纬度干旱半干旱地区，地表多为沙地、稀疏草地和旱作耕地，特别是在春季地表植被覆盖率较低的情况，如果天气条件适宜，容易形成沙尘暴天气。沙尘暴过程对生态系统的破坏力极强，它能够加速土地荒漠化，对大气环境造成严重的污染，使城市空气质量显著下降，对人类健康、城市交通、通信和供电产生负面影响。同时，沙尘气溶胶对气候、海洋生态系统和生物化学循环也有着重要影响。传统的地面监测方法受到许多因素的制约，不能很好地描述沙尘暴过程，而利用遥感技术从空间对沙尘暴进行监测是目前最为有效的手段。沙尘对近红外和远红外电磁波反射存在很大的差异，另外，沙尘在可见光遥感图像也有显著的颜色和形态特征。遥感监测沙尘暴的原理是根据不同光谱波段上沙尘粒子的散射和辐射特性，有效地将沙尘层 、云、地面等遥感目标物和干扰因素加以区分。下图为遥感卫星监测到的 2010 年 3 月 12 日一场大规模沙尘暴穿过中国华北平原。

沙尘暴卫星遥感图像

资料来源：中国国家卫星气象中心网站。

43. 遥感可以监测大气气溶胶吗？

大气气溶胶是悬浮在大气中的固态和液态颗粒物的总称，其空气动力学直径多为 0.001 ～ 100 μm。其来源可分为自然源（如火山喷发、海水溅沫、地面扬尘、生物体燃烧等）和人为源（如燃料使用、工业排放、车辆尾气排放、秸秆焚烧等）。太阳辐射经过不同大气气溶胶粒子的散射和吸收后性质及强度发生了改变，通过卫星遥感测量太阳光辐射特性的变化，便可以得到大气气溶胶颗粒物的浓度。卫星遥感可以提供全球范围的气溶胶分布信息，能够用于分析全球范围内气溶胶时空变化特征与演变规律。

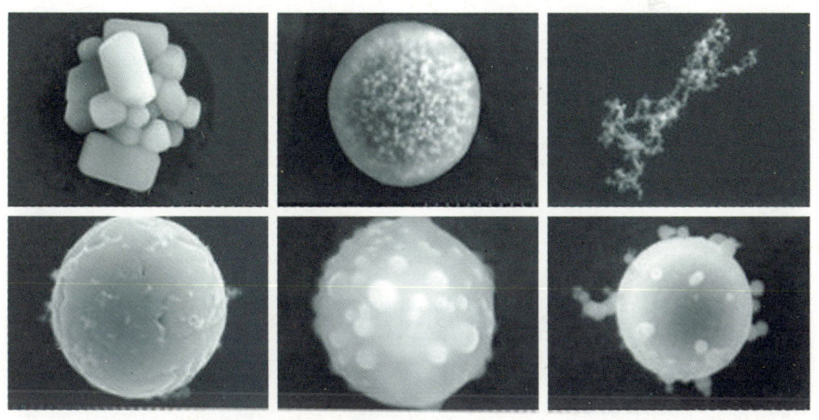

大气气溶胶粒子形状

拍摄者：单智伟。

44. 遥感可以监测近地面 $PM_{2.5}$ 吗？

$PM_{2.5}$ 即细颗粒物，是指环境空气中空气动力学当量直径小于或等于 2.5 μm 的颗粒物。目前，环境监测部门已经在全国（主要是城市区域）布设了数百个 $PM_{2.5}$ 监测站点，通过光学（β 射线）和称重（振荡天平）方法连续监测 $PM_{2.5}$ 的时间变化。然而，由于气溶胶时空分布变化强烈，现有监测手段难以提供大区域内、空间连续的 $PM_{2.5}$ 分布，因此迫切需要发展具有全面覆盖监测能力的 $PM_{2.5}$ 遥感观测手段。首先，基于多波长（从可见光到近红外线）、多角度的协同反演，利用光谱散射信息获得气溶胶光学厚度（AOD），它是整层大气、自然状态下（往往是吸湿的）所有尺寸大小的气溶胶粒子消光总量的度量。其次，基于偏振对细颗粒物敏感的特性，协同使用强度和偏振信息，获得粗细粒子消光贡献的比例，得到整层大气自然状态下的细颗粒物浓度。再次，基于大气成分对紫外通道辐射吸收较强的特点，获得气溶胶层高度信息，得到近地面自然状态下的细颗粒物浓度。最后，基于水汽吸收通道探测获得大气柱水汽含量信息，再通过气溶胶吸收增长方程估算干颗粒物含量，最终得到近地面细颗粒物（$PM_{2.5}$）浓度的空间分布。

45. 遥感可以监测大气总悬浮颗粒物种类和含量吗？

大气总悬浮颗粒物种类和含量遥感监测

资料来源：中国科学院遥感与数字地球研究所。

大气总悬浮颗粒物是指环境空气中空气动力学当量直径小于或等于 100 μm 的颗粒物。不同种类的悬浮颗粒物会使大气在地面上看起来呈现出不同的颜色，如沙尘会使天空看上去是昏黄的，雾霾会使天空看上去是灰白色的。这说明不同种类的悬浮颗粒物由于粒子的大小、形状、构成成分等的差异，对可见光有不同的反射和散射特征。当然，它们对人眼不可见的其他波长的电磁波也会有不同的反射、散射特征。地面遥感依据不同种类的悬浮颗粒物对不同波长的电磁波反射和散射特征的差异，对不同波长电磁波分别成像，可以区分出大气总悬浮颗粒物的种类，并能够估算每种颗粒物的大致含量。

46. 遥感可以监测大气棕色云吗？

大气棕色云

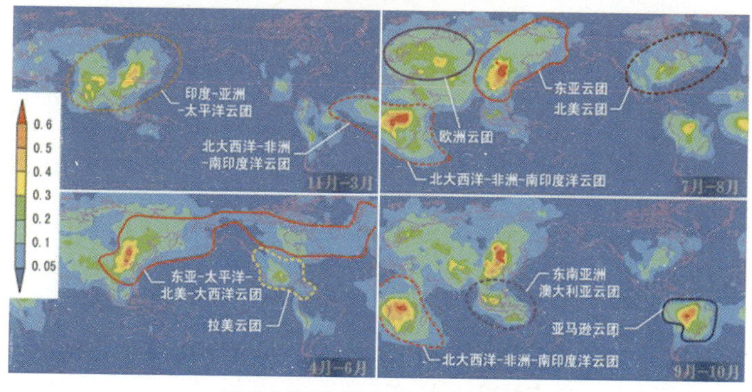

全球大气棕色云团遥感监测图

资料来源：联合国环境规划署。

大气棕色云实际上与通常所说的灰霾是同一种物质，都包含煤烟、硫酸盐、硝酸盐、飞灰以及其他大量的污染成分。灰霾和棕色云是因高度不同而划分的。灰霾通过大气的提升作用达到一定高度，经过风的吹动在不同地区或城市上空连成片，就形成了“棕色云”（要有足够的高度和相当大的片层）。之所以被称为棕色云是因为在阳光的照射下，污染区域的大气显示为棕色。大气棕色云会影响局部地区气候、降低地面温度、减小地表蒸发量、改变降水分布，对环境造成巨大危害。大气棕色云由于范围大、面积广，在遥感影像上呈现出与普通云以及地面物体显著不同的颜色特征。因此，比较容易利用遥感图像对其分布和范围进行监测。

HUANJING YAOGAN

ZHISHI WENDA

环境遥感知识问答

第四部分
土壤环境遥感

47. 遥感可以监测土壤水分吗？

土壤水分是陆地和大气能量交换的关键因子，并对地表蒸散、水的运移有很强的控制作用，大面积监测土壤水分在土壤环境、气象、农业等领域具有重要的应用价值。土壤水分一般用土壤体积含水率或重量含水率来表示。被动微波遥感是监测土壤水分最有效的手段之一。与红外与可见光波段相比，微波的波长更长，穿透能力更强；而与主动微波雷达相比，被动微波遥感监测面积更大、周期更短，受地表粗糙度影响小，对土壤水分更为敏感。被动微波遥感器反演土壤水分的方法主要依据是土壤的介电常数会随其含水率变化而变化，则微波遥感器观测到的信号也随之变化。当然这种变化还受到植被覆盖率、土壤温度、地表粗糙度、土壤体积密度等其他因素的影响，因此需要辅助其他数据（如土地利用图、土壤类型图、地形图等）来提高土壤水分含量遥感监测的精度。

48. 遥感可以监测土壤重金属污染吗？

土壤重金属污染是指由于人类生产生活等活动导致重金属元素在土壤中的含量超过背景值，过量沉积而引起的含量过高现象。这些重金属包括镉、汞、铅、镍、锌、锰、砷（类金属）等。土壤重金属来源广泛，主要有大气降尘、污水灌溉、工业废弃物的不当堆置、矿业活动、农药和化肥等。土壤重金属污染具有范围广、持续时间长、污染隐蔽、迁移性小、难以被生物降解、毒性大等特点，可能造成土壤质量退化、生态环境恶化，并且能够通过食物链进入人体，直接危害人体健康。由于传统的野外土壤采集和实验室内化学分析工作费时费力，不适合对土壤重金属污染进行大面积、快速监测。高光谱遥感技术为实现对土壤重金属污染的大面积、动态监测和预警提供了新的途径。由于土壤中重金属含量甚微，很难直接研究其光谱特征。但是，外源重金属可以被土壤中的黏土矿物、铁氧化物和有机质等物质吸附。而这些组分一方面影响土壤光谱形态和反射率的大小，同时也常常在土壤光谱中显示其特定的光谱吸收特征，为高光谱土壤污染信息的提取提供了理论依据。不同重金属种类污染的土壤的光谱特性存在差异，针对不同种类重金属污染的土壤，选择涵盖了该类重金属污染的主要特征光谱，将其最大限度地区别于其他种类重金属污染土壤，强化最具可分性的光谱波段，可以有效识别出土壤中含有的特定种类的重金属，评估这些重金属是否超标，以及估算重金属污染的范围。

49. 遥感可以监测土壤石油烃类污染吗？

被石油烃类污染后的土壤　　被石油烃类污染前的土壤

土壤石油烃类污染泛指原油和石油初加工产品（包括汽油、煤油、柴油等）及各类油的分解产物引起的土壤污染。其来源主要有原油泄漏和溢油事故，含油矿渣、污泥、垃圾的堆置，含油污水的灌溉，大气污染及汽车尾气的沉降以及含油农药的施用。土壤石油烃类污染是一类非常严重的环境问题，石油中的有毒有害烃类会改变土壤理化性质，导致土壤质量下降，影响植物生长，改变土壤微生物群落结构，对陆生动物产生严重危害。因此，需要及时快速地对大面积的土壤石油烃类污染进行监测，遥感为此提供了很好的技术手段。受石油烃类污染土壤的反射率光谱曲线随湿度有规律地变化，而相同湿度条件下土壤的反射率光谱随土壤中石油含量变化也是有规律的。遥感利用这些变化规律建立图像上的亮度、颜色与土壤石油烃类污染程度的定量关系，从而实现对土壤石油烃类污染范围和程度的定量监测。

受石油烃类污染土壤的反射率光谱曲线随湿度有规律地变化，而相同湿度条件下土壤的反射率光谱随土壤中石油含量变化也是有规律的。遥感利用这些变化规律建立图像上的亮度、颜色与土壤石油烃类污染程度的定量关系，从而实现对土壤石油烃类污染范围和程度的定量监测。

50. 遥感可以监测尾矿库吗？

尾矿库是指由筑坝拦截谷口或围地构成的，用以堆存金属或非金属矿山进行矿石选别后排出尾矿或其他工业废渣的场所。尾矿库是一个具有高势能的人造泥石流危险源，存在溃坝危险，一旦尾矿库发生泄漏、坍塌等问题，就会对周边的环境造成重大影响。利用遥感可以实现对尾矿库的监测。利用获取的卫星遥感或航空遥感图像，依据野外调查建立的尾矿库遥感图像判别标志，可以在图像上识别出尾矿库，提取尾矿库的相关信息，摸清现有尾矿的基本类型、堆存数量、地理位置和有害因素等。同时，遥感监测还可以了解和掌握尾矿堆放区的环境地质情况和生态状况，能对尾矿库事故的预防和应急处理，以及尾矿库的日常监督和管理提供依据。

尾矿库实景图

尾矿库遥感监测图

资料来源：3snews。

51. 遥感可以监测沙漠地区的非法排污吗？

沙漠地区地广人稀，具有廉价的土地资源，近年来，一些污染严重的化工企业纷纷入驻沙漠。污染企业错误地认为沙漠空间广阔、环境容量大，可以无限排污，于是将污水直接排到沙漠中，让其自然蒸发，然后将黏稠的沉淀物用铲车铲出，直接埋在沙漠里，对沙漠环境造成了严重破坏。沙漠地区生态脆弱，污染恢复起来十分困难，污染物难以降解。污染物如果下渗就会污染地下水，进入大气就形成大气污染物，而黏附在沙土中就造成土壤污染。利用遥感技术可以实现对沙漠地区非法排污的监测。在卫星遥感图像上，沙漠里的排污区域和周边沙漠形成强烈对比，可以清楚地识别出沙漠中的排污区。利用不同时间段获取的卫星图像，还可以发现沙漠里污染企业排污区建设、使用及整治情况。这对于环境保护部门及时发现、查处沙漠地区非法排污，并采取环保补救措施具有重要价值。

沙漠中的一处排污池

资料来源：新华网。

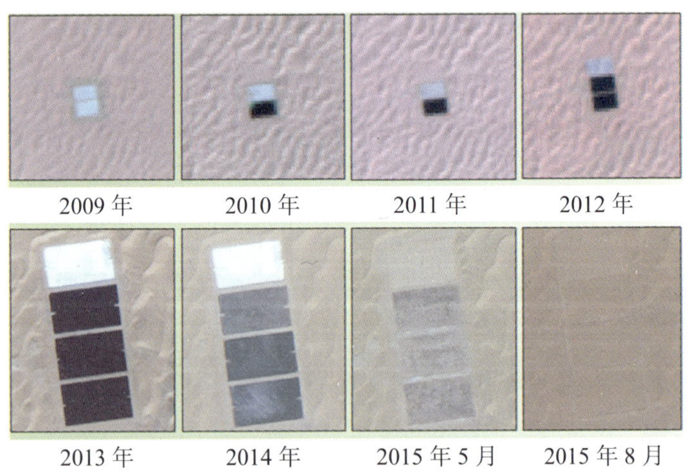

腾格里沙漠非法排污不同时期遥感监测图像

资料来源：中科院遥感与数字地球研究所网站。

（利用 2009 年、2010 年、2011 年、2012 年陆地卫星（Landsat TM）影像以及 2013 年、2014 年、2015 年国产“高分一号”卫星（GF-1）影像，再现了沙漠排污区建设、使用及整治情况，为腾格里沙漠污染环境公益诉讼案中的取证工作提供了技术支撑。）

52. 遥感可以监测土壤盐碱化吗？

土壤盐碱化通常是由于灌溉不当、用水过量等，引起土壤底层或地下水的盐分随毛管水上升到地表，水分蒸发后，盐分积累在表层土壤中，土壤含盐量过高（超过 0.3%）所导致的盐碱灾害。土壤盐碱化主要发生在干旱、半干旱、半湿润气候区及受海水浸灌的海滨低地区域。盐碱土的可溶性盐主要包括钠、钾、钙、镁等的硫酸盐、氯化物、碳酸盐和重碳酸盐。卫星遥感影像上盐碱地的颜色和纹理特征主要由盐分矿物成分、地表形态和水分等因素决定。盐碱化的土壤相比正常土壤对近红外、红光和绿光反射都更强，且各波段反射率相差不大。所以，盐碱地在图像上呈白色、亮白色，且纹理较均一。通过对卫星遥感图像进行颜色变化、纹理特征、亮暗等信息的解译，可以识别和长时间监测土壤的盐碱化状况。

甘肃民勤县的盐碱地

资料来源：中国国家地理。

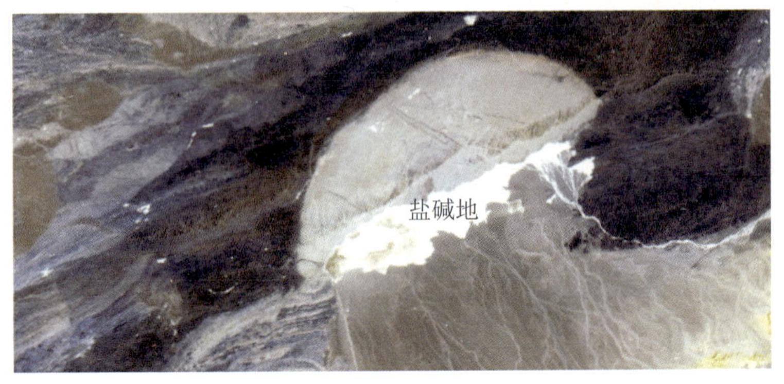

甘肃戈壁滩上的土壤盐碱化遥感监测图像（白色区域为盐碱地）

资料来源：中国资源卫星中心网站。

HUANJING YAOGAN

ZHISHI WENDA

环境遥感知识问答

第五部分
生态环境遥感

53. 遥感可以监测地表温度吗？

地球表面温度（简称地表温度）是指地表和大气相互作用的临界层的温度，包括地表水体表面温度和陆地表面温度。地表温度是一个重要的地球物理参数，在地 - 气间的物质和能量交换中扮演着重要角色，对地球上自然资源的生成、植被的生长、气候变化和人类日常生产生活都有重要的影响。地表温度与大气温度不同，如沙漠地区近地面大气温度为 40℃而地表温度可能会达到 60℃以上。获取地表温度的传统做法是采用温度计测量，但只能代表地表监测点的局部温度。地表温度具有地域性和时域性，采用传统方法难以获取一个国家或地区乃至全球地表温度的时空分布。地表温度是地表向外反射和发射热辐射能量的表现，这种辐射能量可以被热红外遥感器探测到。因此，可以利用热红外遥感卫星监测地表温度。目前，用于反演地表温度的热红外波段波长主要为 3 ～ 4 μm 和 10 ～ 13 μm。热红外遥感技术在地表温度反演中已经比较成熟，反演精度可达到 1 K 。然而，大气中云雾和尘埃对热红外遥感探测地表温度影响很大，限制了热红外遥感反演地表温度的应用。而被动微波遥感受大气干扰小，可穿透云层获取地表辐射信息，并具有全天候、多极化等特点，在地表温度反演中具有独特的优越性。但微波信号也容易受到植被、水分等因素的影响，地表微波辐射机理研究尚不成熟并且空间分辨率较低，被动微波遥感用于地表温度的反演目前还处于发展阶段。

54. 遥感可以监测农业面源污染吗？

农业面源污染是指在农业生产活动中，农田中的泥沙、营养盐、农药、畜禽养殖粪污和水产养殖废水中的氮、磷等污染物、农村居民生活废弃物等，在降水、灌溉或排放过程中，通过地表径流、排水和地下淋溶，进入水体而形成的面源污染。农业面源已经成为我国主要生态环境污染源之一。农业面源污染具有分散性、隐蔽性、随机性和不确定性的特点，且由于分布广泛，不容易被监测。遥感技术能够全面、迅速、便捷地监测农业面源污染的来源、程度等。农田水体和土壤反映出的物理化学特性（如颜色、密度、透明度和温度等）因污染物的类别与浓度的差异而不同。因此，导致反射波谱能力的不同，使遥感图像上呈现出色调、灰阶、纹理的差异。运用遥感技术可以对农业面源污染进行直接监测，辨识出污染源、污染范围、面积和浓度等，分析评估污染情况，从而为农业面源污染管理与防治提供科学的决策依据。

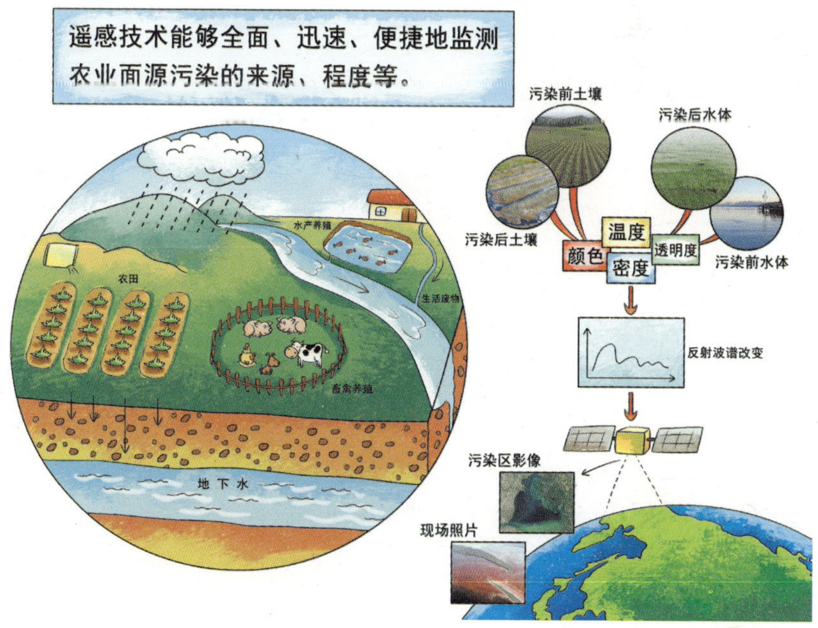

55. 遥感可以监测土地覆盖吗？

土地覆盖是自然营造物和人工建筑物所覆盖的地表诸要素的综合体，包括地表植被、土壤、湖泊、沼泽、湿地及各种建筑物（如道路等）。土地覆盖具有特定的时间和空间属性，其形态和状态可在多种时空尺度上变化。人类通过与土地有关的自然资源的利用活动，改变地球陆地表面的覆盖状况。而土地覆盖变化对区域水循环、环境质量、生物多样性及陆地生态系统的生产力和适应能力的影响深远。遥感技术能提供动态、丰富和廉价的数据源，已成为获取土地覆盖信息最为有效的手段。在遥感影像中，某一土地覆盖类型在相同条件下具有相同或相似的光谱特征和空间特征，表现出同一土地覆盖类型的某种内在的相似性，从而可以根据影像中的颜色、形状及纹理等特征判断土地覆盖类型的归属。

56. 遥感可以监测土地利用变化吗？

土地利用变化是指一种土地利用方式向另一种利用方式的转变以及利用范围、强度的改变。土地利用变化带来的生态环境问题自古有之，并随着人类社会的发展而日益加剧。土地利用变化对环境影响强烈地表现在大量气体的释放、水文变化、土地退化、气候变化和生物多样性丧失等方面。土地利用变化监测需要将不同时期（至少两个时期）的土地利用数据进行对比，从空间和数量上分析其动态变化特征和未来发展趋势。遥感监测土地利用变化根据同一区域不同年份的遥感图像间存在的光谱特征差异，来识别土地利用状态或现象变化的过程。通过遥感监测可以获得土地利用变化的类型、空间分布、质量和数量等，对建立可持续的土地利用模式、维持生态平衡、促进生态环境安全具有重要意义。下图为 2002 年相比 2001 年的土地利用变化遥感监测图，黄色图斑为新增建设占用非耕地，红色图斑为新增建设占用耕地。

2001 年土地利用遥感监测图

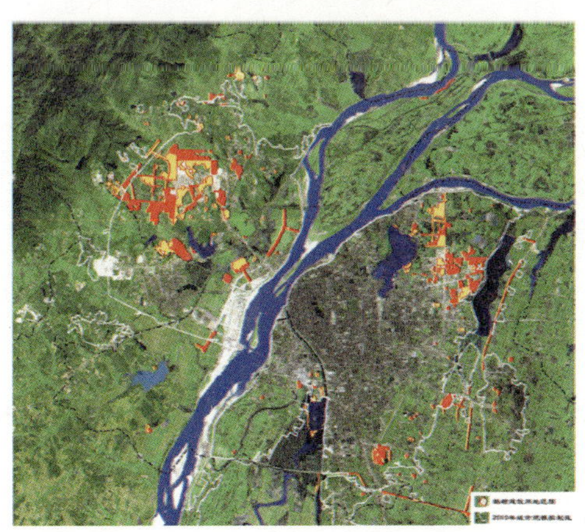

2002 年土地利用变化遥感监测图

资料来源：中华人民共和国国土资源部网站。

57. 遥感可以监测大宗粮油作物生产形势吗?

大宗粮油作物是指全球产量最高的玉米、小麦和水稻三种谷物以及全球最重要的油料作物大豆，其生产形势与全球生态环境密切相关。2013 年，我国将大宗粮油作物生产形势列入全球生态环境遥感监测内容。大宗粮油作物生产形势遥感监测通过收集分析各种作物在不同生长阶段的遥感图像，利用传感器记录粮油作物生长地区的地表信息，辨别作物类型，提取种植面积，监测农作物长势，获取农作物的生长信息；结合农学模型和气象模型，建立生长信息与产量间的关联模型，估计农作物的产量信息。遥感技术是在全球范围实现宏观、动态、快速、实时、准确的生态环境动态监测不可或缺的手段，已广泛应用于大宗粮油作物长势监测与产量估测。

58. 遥感可以监测水土流失吗?

水土流失是指在水力、风力、重力及冻融等自然和人类活动作用下，水土资源和土地生产力的破坏和损失。水土流失的生态环境危害性不仅很大，而且还具有长期效应。它使土地生产力下降甚至丧失，淤积河道、湖泊、水库，严重污染水体，影响生态环境平衡。水土流失是发生在陆地表面的过程，地表裸露程度和地形地貌等特征的侵蚀退化很容易被遥感图像记录，利用可见光卫星遥感图像很容易识别出水土流失区域和水土流失程度。遥感覆盖范围广、时效性强的特点，使其成为对水土流失进行动态监测的有效手段。目前，我国已开展了两次水土流失遥感普查工作。

黄土高原的水土流失

59. 遥感可以监测土地荒漠化吗？

土地荒漠化

土地荒漠化也叫“沙漠化”，就是指土地退化。1992 年，联合国环境与发展大会将“荒漠化”定义为：“荒漠化是由于气候变化和人类不合理的经济活动等因素，使干旱、半干旱和具有干旱灾害的半湿润地区的土地发生了退化”。土地荒漠化是全球重要的生态环境问题。土地荒漠化最终结果大多是沙漠化，土地沙化给大风起沙提供了物质源泉，导致沙尘暴天气频繁发生；同时土地沙化侵蚀土地资源，威胁人类的生存。土地荒漠化后对红光、绿光和红外光的反射光谱与普通地表显著不同，因此，在遥感图像上可以清晰地辨识出土地荒漠化区域以及荒漠化的程度。结合不同时期的遥感图像还可以实现对土地荒漠化空间分布以及动态变化的监测。

60. 遥感可以监测湿地变化吗？

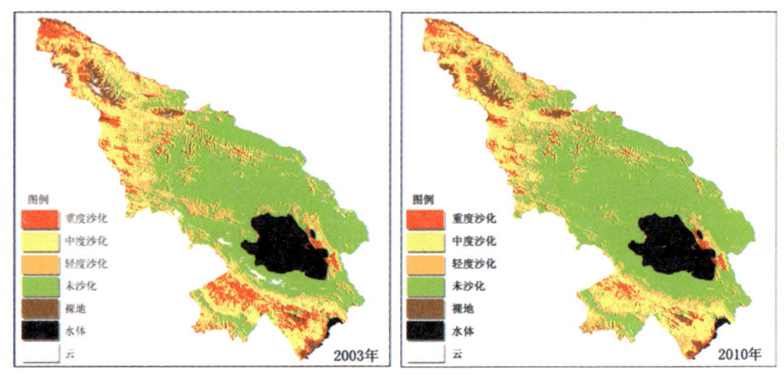

青海湖周边湿地变化（沙化）遥感监测图

湿地泛指暂时或长期覆盖水深不超过 2 m 的低地、土壤充水较多的草甸，以及低潮时水深不过 6 m 的沿海地区，包括各种咸水、淡水沼泽地、湿草甸、湖泊、河流以及泛洪平原、河口三角洲、泥炭地、湖海滩涂、河边洼地或漫滩、湿草原等。湿地是地球上水陆相互作用形成的独特的生态系统，是自然界最富生态多样性的景观和人类最重要的生存环境之一。目前，全球湿地质量严重退化，数量锐减，湿地资源面临巨大压力。遥感技术因具有省时省力、多时相、多平台、信息量大等优点，在实时、动态监测湿地变化方面发挥着重要作用。

湿地遥感研究常采用多光谱影像数据源。不同地物具有不同的反射光谱特征，通过对湿地地物反射光谱的测量分析，利用遥感可以监测湿地类型、数量、空间分布、景观格局、湿地水体污染状况等变化。高光谱遥感影像光谱分辨率高，能够提供更丰富的地表信息，广泛用于湿地植被监测、植被群落精细分类、植被生物量估算等，也用于湿地土壤湿度和土壤含水量的反演。微波遥感的突出优点是可全天候监测并能透过植被、冰雪和干沙土，获得近地面以下的信息。

目前，遥感监测湿地的关注焦点已逐渐从光学遥感转移到雷达遥感上。湿地雷达遥感中应用最广泛的是 L 波段和 C 波段。其中，L 波段对植被的结构特性更敏感，适于研究以林地为主的湿地；而 C 波段更适于少叶和低生物量植被组成的湿地。融合多源影像可以克服单一遥感影像数据源的不足，兼顾不同遥感影像的时间、光谱和空间分辨率，从而可以集合多种数据源的优势，达到更好的监测效果。利用遥感对湿地进行长时间的连续观测，还可以分析人类活动、自然环境、气候变化对湿地的影响，了解湿地保护和恢复的效果，预测湿地生物多样性可能的变化速率。

61. 遥感可以监测生物多样性吗？

人类在开展自然环境保护的实践中逐渐认识到，自然界中各个物种之间、生物与周围环境之间都存在着十分密切的联系，自然环境保护仅仅着眼于对物种本身进行保护是远远不够的，往往难以取得理想的效果，因此需要对物种所在的整个生态系统进行全面的保护。在这样的背景下，生物多样性的概念应运而生。生物多样性是指在一定时间和一定地区所有生物（动物、植物、微生物）物种及其遗传变异和生态系统复杂性的总称。遥感是生物多样性监测的重要手段，能提供区域、大陆乃至全球尺度的生物多样性信息、景观多样性格局分析、全球变化监测、辅助生物保护工作等，具有广泛的应用潜力。

由遥感数据提取物种丰富度或多样性信息有多种方式，总体上可以分为直接法和间接法两种：直接法直接识别物种和物种分布，对遥感数据的空间分辨率和光谱分辨率有相当高的要求，花费较高，目前难以广泛应用；间接法利用土地覆盖分类、生产力，或者光谱异质性，结合一定的野外采样，通过数学建模建立遥感图像与野外调查得到的物种空间分布格局间的关系，估计一定区域内的生物多样性，这是目前生物多样性遥感应用的主流方法。尽管遥感技术提供了便利的手段，但遥感方法很难获取动物分布数据。高光谱和高空间分辨率

传感器的增加，可用于监测某类特定的生物栖息地，甚至用来对特定物种的分布进行制图。采用多种传感器或者利用多个时间段的遥感数据可以有效增强生物多样性遥感的应用效果。

62. 遥感可以监测自然保护区的人类活动影响吗？

自然保护区是国家为了保护珍贵和濒危动、植物以及各种典型的生态环境系统，保护珍贵的地质剖面，为进行自然保护教育、科研和宣传活动提供场所，并在指定的区域内开展旅游和生产活动而划定的特殊区域的总称。自然保护区是生物物种的储备库，在保持自然环境资源和生物多样性、维护国土生态环境安全中发挥重要的作用。但自然保护区一般覆盖范围大，交通不便，监测与管理困难。目前我国自然保护区的监测大都采用人工巡视的方式，无法同时获得整个保护区的信息，难以形成有效保护。卫星遥感具有观测范围广、信息量大、获取信息快、更新周期短、节省人力、物力和人为干扰因素少等诸多优势，可以有效提高对自然保护区的监测能力。借助遥感的大范围观测能力，可以获取保护区的土地利用 、土地覆盖等情况，分析区域 、斑块 、廊道等景观特征等。通过对不同时期获取的自然保护区遥感影像解译分析，可以发现自然保护区内诸如农田、居民点、工矿、人工设施、旅游设施、道路等人类活动的变化，分析人类活动对自然保护区的影响，并配合实地核查，能及时发现涉及自然保护区的违法违规行为。保护区突发事件（包括林火、病虫害、寒潮 、台风等）严重威胁保护区生态系统安全，借助遥感大范围同步获取数据的能力，可以为突发事件的应急响应、为灾害评估和灾后重建提供有力的数据支持。

63. 遥感可以监测冰川变化吗？

冰川是极地或高山地区地表多年积雪，经过压实、重新结晶、再冻结等成冰作用而形成的。地球陆地面积的 11% 为冰川所覆盖，大约 80% 的淡水资源储存于冰川（冰盖）之中。冰川是地球上最大的淡水资源库，也是地球上仅次于海洋的天然水库。冰川在可见光和近红外遥感图像上较亮，在中红外遥感图像上较暗，与其他地物具有显著的成像差异。根据冰川的纹理、形状、结构信息，遥感可以快速地监测冰川边界、面积、体积变化，并能监测冰川表面运动的速度。

通过遥感监测发现，受全球气候变暖影响，世界各地冰川的面积和体积都明显减少，有些甚至消失。冰川消融使得全球海平面上升、气候变化、全球生态环境遭到破坏，对人类生存环境造成严重威胁。下图为遥感监测的冰岛第四大冰川——埃亚菲亚德拉冰盖，受全球变暖影响，其面积正不断缩小。

1986 年的冰盖遥感图像　　2014 年的冰盖遥感图像

资料来源：NASA 网站。

64. 遥感可以监测湖泊演变吗？

湖泊在为工农业生产及生活供水、调蓄洪旱、沟通航运、调节区域水汽循环和气候、维持区域生态平衡和生物多样性，以及改善生态环境质量等诸多方面都发挥着重要的作用。湖泊有其产生、发展和消亡的过程。湖泊产生后，由于自然环境的改变和人类活动的影响，湖盆形态、湖水性质、湖中生物均在发生变化。卫星遥感可以监测地球上各种湖泊，能准确地追踪湖泊的演变过程，乃至湖泊消亡的痕迹。

湖泊的演变可以分为面积变化和水质变化两个方面。由于水体和陆地对太阳辐射的反射、吸收和透射的情况不同，它们在遥感图像上的反映也截然不同，水陆界线非常清晰，所以在遥感图像上容易识别。湖泊水域动态变化的遥感监测一般是选取几幅不同时相的卫星遥感图像，通过遥感图像处理技术提取湖泊水体的信息，来反映湖泊面积大小的动态变化。通过长时间的遥感观测图像的积累，分析人类活动及环境变化对湖泊演变的影响。另外，卫星遥感还可以监测湖泊水体中的水质及其富营养化程度的变化。

咸海在过去几十年因干涸演变的遥感监测图像

65. 遥感可以监测全球云的覆盖吗？

云由悬浮在空气中的微粒和水滴凝结而成。全球 50% 以上的地区常年被云层覆盖，尽管只有部分云能产生降水，但所有的云都能对太阳辐射在大气中的传输产生影响，因此云是重要的气象和气候要素之一。通过云的分布不但可以帮助发现危险的气候现象，如暴雨、飓风以及龙卷风，还可以跟踪气象条件的变化。利用卫星遥感对全球云层覆盖进行监测，可以间接掌握全球气候环境变化情况。与地表相比，云在可见光遥感图像上十分明亮，而在红外遥感图像上则表示较低的温度。利用云在可见光波段的高反射率或红外波段的低温特性设置光谱阈值可以有效区分云和地物，以及云的类型，实现对全球云层覆盖的遥感监测。这种算法简单、检测效果较好，缺点是当地面覆盖了冰、雪、沙漠或云为薄卷云、层云和小积云时，很难将云和地面区分开来。除辐射特性，云还具有很多纹理和空间特征。随着遥感图像空间分辨率的提高，纹理特征在遥感图像处理过程中的作用越来越重要，而遥感图像中云的存在显著增加了辐射度的空间变化性，因此使用云的纹理和空间特性进行云检测也是一种有效的途径。

云覆盖遥感监测图像

资料来源：ICARE 网站。

66. 遥感可以监测海面温度吗？

海面温度也称海温，即海水表层的水温。海面温度的分布主要取决于太阳辐射和洋流性质。太平洋、印度洋、大西洋三大洋表层年平

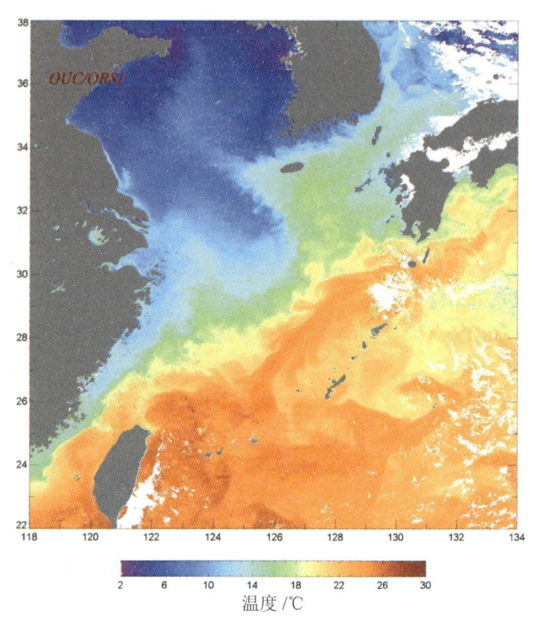

2006 年中国沿海地区海面温度遥感监测图像

均水温为 17.4℃，比近地面年平均气温 14.4℃高 3℃；北冰洋和南极海域最冷，表层水温为 -3 ～ -1.7℃。海面温度是海洋研究的重要参数之一，直接影响大气和海洋间的热量、动量和水汽交换，是决定海 - 气界面水循环和能量循环的重要参数，影响全球表面的能量收支平衡，在全球海洋和气候研究中起着重要的作用。传统的海面温度获取方法主要有船舶走航、海上浮标及沿岸观测站测量，在时间的同步性以及空间分布的连续性方面都无法令人满意。卫星遥感能够实现实时、同步、连续密集的探测，覆盖范围广，几乎遍及全球所有海域，在海面温度监测方面具有明显优势。海水对热红外电磁波的反射特性随波长、海水盐度、海况的变化很小，主要取决于水温。因此，可以用热红外遥感监测海面温度。我国的海洋系列卫星和气象卫星均安装了热红外遥感器，可用于海面温度的探测。红外遥感受水汽和云的影响较大，微波遥感利用微波的波长比大气层中空气分子和气溶胶的粒径大的特点， 可以穿透较薄的云层，实现对海面温度的全天候、 全天时不间断的观测。 近年来，微波技术被越来越多地应用于海面温度的遥感监测中。

67. 遥感可以监测海面风场吗？

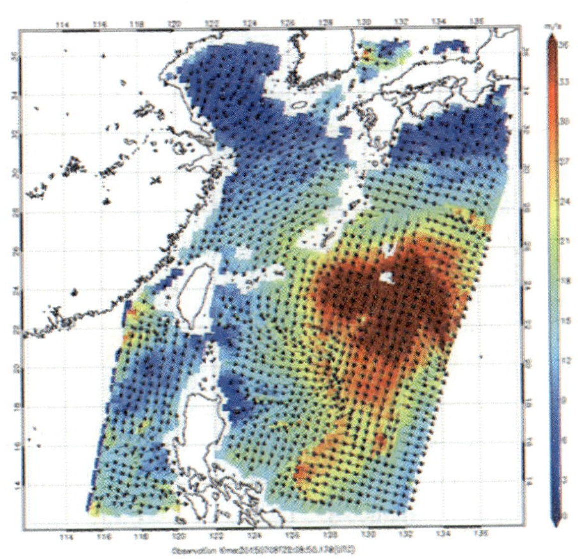

海面风场遥感监测图

资料来源：中国国家海洋局网站。

海面风场是海洋上层运动的主要动力来源，它不仅是形成海面波浪的直接动力，也是区域和全球海洋环流的动力，影响着海洋污染物的运移，是海洋生态环境的重要物理参数。同时，海面风场调节海-气之间的热量、水汽和物质交换，维持着区域与全球的气候环境；此外，海面风场还直接影响海上航行、海洋工程、海洋渔业、海洋灾害监测乃至海洋安全。海面风场的常规观测主要通过船舶、海上浮标及沿岸站等。对于覆盖全球 70% 的海洋来说，由常规观测手段获得的海面风场资料十分贫乏，且时空分布不均匀，难以满足应用需求。卫星遥感为海面风场的监测提供了新的技术手段。卫星遥感监测海面风场的原理是根据海洋表面风速越大其表面越粗糙，建立海洋表面粗糙度与风速、风向的关系，通过观测海洋表面的粗糙程度，进而得出海洋表面风场的大小与分布。卫星遥感监测海面风场具有实时性或准实时性，可以监测船舶、浮标不易抵达的海区，具有很大的优势。

68. 遥感可以用于生态红线区监管吗？

生态保护红线（简称生态红线），是依法在重点生态功能区、生态环境敏感区和脆弱区等区域划定的严格管控边界，是国家和区域生态安全的底线。我国生态资源丰富，但不合理的开发导致生态环境受到严重破坏，野生动植物种类和数量下降，生态安全形势严峻。因此，我国划定了生态红线，对区域内限制开发，重点保护。要捍卫生态红线， 必须实施严格及时的监管。然而重点生态功能区、生态环境敏感区和脆弱区等生态红线区域内地域广阔、条件复杂、类型多样，仅靠常规的技术手段费时费力，很难实现及时有效的监管。近年来，遥感技术在生态红线区内的环境监测、应急、监察、执法等方面得到了广泛应用，成为环境监管的重要手段。遥感能够从不同空间尺度上全方位、适时地开展生态环境监测，提高环境监管效率。中低分辨率卫星遥感图像幅宽大，观测频次高，适合对生态红线地区进行动态巡查。一旦发现疑似生态破坏活动，可以采用高分辨率卫星遥感或航空遥感开展精细化详查。通过分析提取到的疑似环境违法活动信息，采用野外移动数据采集系统进行地面定向核查，采集空间位置、照片、视频等信息，为环境执法督查工作提供支持。

HUANJING YAOGAN

环境遥感 ZHISHI WENDA 知识问答

第六部分

城市环境遥感

69. 遥感可以监测城市扩张吗？

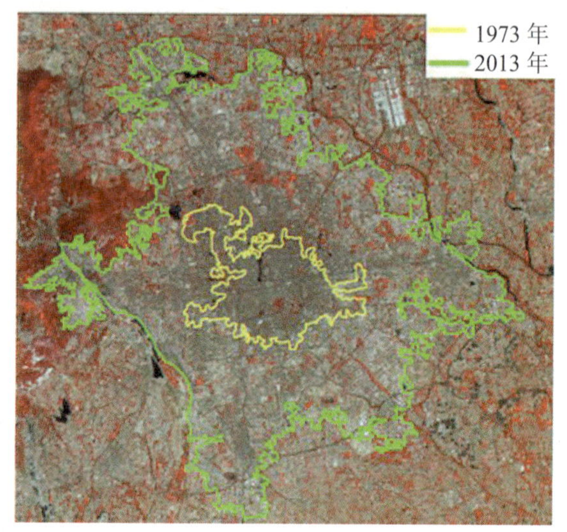

1973—2013 年北京城市扩张遥感监测图

随着我国经济的快速发展和城市化进程的日益加快，城镇用地规模迅速扩张。它不仅占用了大量的土地资源，改变了土地利用方式和地表形态，而且也对城市周边的生态环境产生巨大影响。城市扩张体现为城市面积的不断扩大，特别是城市建筑用地的不断扩张。城市用地与裸地、林地、农田、水体、低密度植被覆盖区在遥感图像上的光谱特征显著不同，即反射光谱曲线不同。通过获取城市不同时期的遥感图像，从中提取不同时期城市用地信息并进行变化比较，就可以监测城市扩张的范围和程度。与传统的统计数据分析方法相比，利用卫星遥感图像监测城市扩张的动态变化更具实时性和可靠性。及时有效地监测城市扩张的动态变化，有助于科学合理地指导城市规划，控制城市用地规模，保护有限的土地资源和城市环境。

70. 遥感可以监测城市绿地吗？

城市绿地是“城市之肺”，是城市中唯一有生命的基础设施。它具有净化空气、调节大气温度、吸尘杀菌、降低噪声等功能，在改善城市环境和人居环境方面起着积极的作用。城市绿地含量逐渐成为衡量城市环境质量的一个重要指标。绿色植被在真彩色遥感图像上呈现绿色系，与城市道路、房屋等有显著差异。通过图像分类方法可以将绿地从遥感图像中分离出来，进而统计出城市绿地的分布和面积，实现对城市绿地的监测。

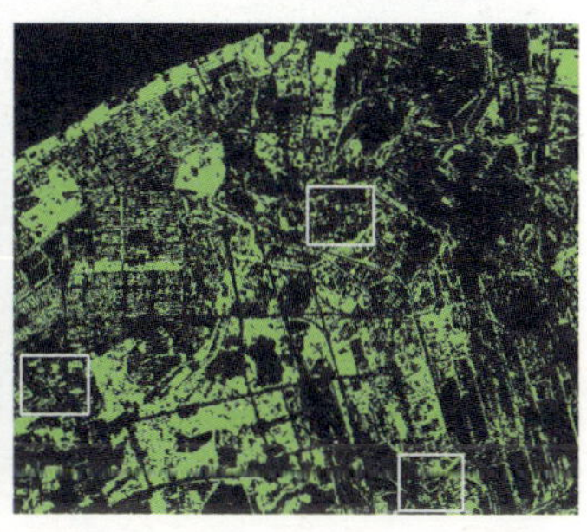

城市绿地遥感监测图像，左图为城市真彩色遥感图像，右图绿色区域为对应城市绿地的空间分布监测结果

资料来源：百度文库。

71. 遥感可以用来制作城市地图吗？

当前，我国城市进入快速发展时期，对城市大比例尺地图集的编制周期提出了更高的要求。传统城市线划地图集的编制，由于其更新周期过长，已不能满足社会各界的需求。如何实现城市地图的快速动态更新是我国地图工作者面临的一个新课题。卫星遥感从太空对地球表面拍摄形成的图像能及时准确地反映出地表的真实情况，覆盖范围大，可以为编制城市地图提供底图资料。遥感制作的影像地图以不同空间分辨率的航空和航天遥感影像为基础，经几何纠正，配以线划和注记，将制图对象综合表示在图像上。

遥感地图

资料来源：百度地图。

一般情况下，购买的卫星影像数据都经过了仪器误差改正，消除了由于传感器本身产生的畸变。在制图过程中，我们还需要采集地面控制点进行几何纠正，来消除由于太阳高度角、大气吸收、散射、遥感平台的速度、姿态变化、传感器、地形起伏等引起的畸变，从而提高影像定位精度。此外，遥感制图还需要对卫星图像进行色彩的调整和校色，以消除由于大气污染、云、雾等对地表要素的影响，使地表要素尽量清晰可读。一般真彩色卫星影像中的水体多呈黑色，如不处理，影响地图的美观，因此需要对水体图像区域进行额外修饰，如填充为青色等。道路和高架桥往往采用半透明填充的方式，既保证了道路的连续贯通，又不影响影像底图中细节的再现。高大建筑物及其阴影与道路有时会出现相互遮盖的现象，因此必须进行重点修饰和处理。与传统方法相比，运用遥感手段制作的城市地图具有视野广、速度快、质量高、成本低等优点。

72. 遥感可以估算城市人口吗？

城市人口数量和居住分布对于一个城市的资源环境评估十分重要。遥感估算城市人口是根据建筑物信息与人口数量存在统计关系来实现的。利用高分辨率遥感影像以及城市规划和地面调查资料，获得城市建筑的高度、分布和面积等信息，将这些信息整理归类，区分出居民住宅区、商业区和公共建筑设施等；再结合典型城市居民居住区人口调查信息，建立城市人口与居住住宅区建筑信息的统计关系，进而估算出整个城市人口数量。此外，还可以根据灯光数据进行城市人口估算。有些卫星传感器可以在夜间工作，能够探测到城市灯光甚至小规模居民地等发出的低强度灯光。根据夜间灯光亮度与人口关系就可以估算出城市人口数量，甚至大区域城市群人口的数量。利用遥感影像，不仅可以估计城市人口总量，还可以大致得到城市人口分布和功能区结构等信息。相比调查统计方法，遥感估算城市人口可以极大地节省人力和时间成本。

73. 遥感可以监测城市固体废物吗？

固体废物是指人类在生产、消费、生活和其他活动中产生的固态、半固态废物。目前，城市居民的生活垃圾、商业垃圾、市政维护管理中产生的垃圾以及工业生产排出的固体废物的数量急剧增加。据统计，我国660座城市每年共生产大约1.9亿t固体废物，约占全世界总量的29%。与日俱增的城市固体废物产生了一系列严重的环境问题，如污染附近的水体、空气和生态环境，造成城市土地资源浪费等。为了提高城市生态环境质量，需要对城市固体废物进行实时有效的监测。实地调查与现场测量是城市固体废物监测与管理的常用方法。然而，城市固体废物分布点随机性大、分布范围广，这种监测方式耗时费力，效率不高。相比较而言，遥感具有覆盖范围广、实时性好等优势，非常适合城市固体废物的实时监测。城市固体废物堆往往分布在密集居住区附近的空地或裸地上。由于固体废物堆成分复杂，从影像上看，固体废物堆的边界模糊、形状不规则、内部纹理紊乱，仅根据光谱特征很难准确提取出城市固体废物这种混合地物。从遥感影像提取城市固体废物堆的方法需要从光谱特征、影像特征和尺度效应三个方面综合考虑。由城市固体废物光谱特征可知，固体废物、裸地和建筑物的亮度值远大于其他地物的亮度值，在低分辨率图像上可以排除低亮度的水体、植被和道路。再通过高分辨率图像上的纹理特征，进一步将固体废物与裸地和建筑物区分开来，从而实现对城市固体废物的分布信息提取。

城市固体废物

北京固体废物遥感监测

资料来源：张方利，杜世宏，郭舟. 应用高分辨率影像的城市固体废物提取 [J]. 光谱学与光谱分析，2013(8): 2024-2030.

74. 遥感可以监测城市热岛吗？

城市因大量的人工发热、建筑物和道路等高蓄热体和绿地减少等因素，造成城市“高温化”。导致城区是一个高温区，而城市郊区气温较低，就像突出海面的岛屿，所以被形象地称为城市热岛。城市热岛在本质上是一种城市环境热污染现象，它容易产生酸雨，破坏城市及周边地区的生态环境。传统城市热岛监测采用地面观察方法，点位密度低，数据同步性和空间代表性差。遥感监测城市热岛范围广、能长期观测，具有很大的技术优势。利用热红外遥感测定城市地表的温度，能识别出细微的地表温度差别，再根据热红外遥感图像及地面观察气象资料进行统计处理，建立地表温度与气温的关系，从而确定气温分布及城市与郊区相对气温温差，得到城市热岛的分布情况。

75. 遥感可以用于城市环境质量评价吗？

城市环境质量是指城市环境总体或要素对人群生存、自然繁衍，以及社会经济发展的适宜度。城市环境质量评价就是根据环境（包括污染源）调查与监测资料应用多种评价方法对一个城市的环境质量作出评价与估计，目的是保护、控制、利用、改造环境质量，使之与人类的生存和发展相适应。城市环境质量评价一般采用综合指数法，即计算环境质量值或环境质量指数。通过遥感手段可以获取环境质量指数计算中的一些参数，如城市地形地貌、地质、土壤、植被等，通过计算生物丰度、植被覆盖率、水网密度、土地退化、环境质量、污染负荷等多项指数，帮助较全面高效地完成城市环境质量评价。

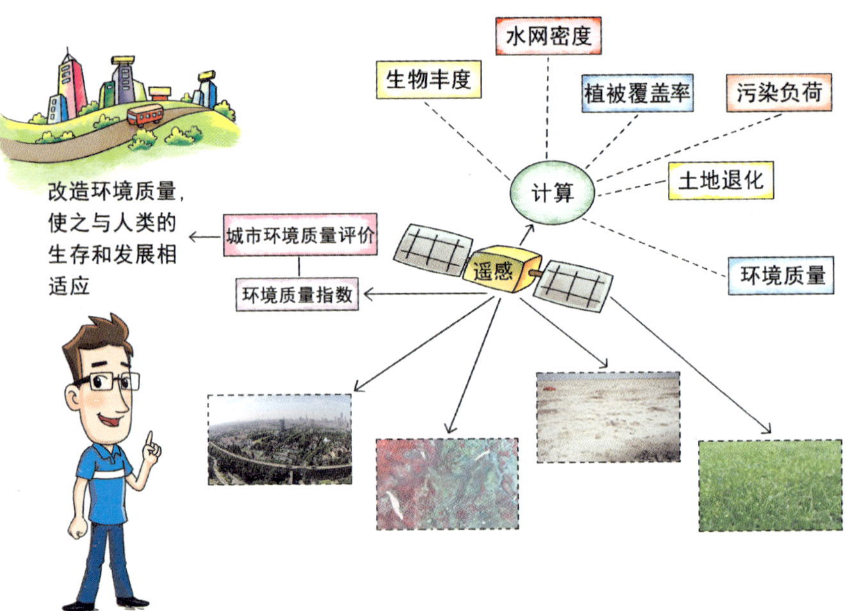

HUANJING YAOGAN

ZHISHI WENDA

环境遥感知识问答

第七部分

环境灾害遥感

76. 遥感可以监测森林火灾吗？

传统森林火灾监测手段主要依靠瞭望塔和飞机，观测范围和频次有限。尤其是对人迹罕至的原始森林难以全面、及时观测，一旦发生火灾，将造成严重的生态环境破坏。遥感可以及时发现森林火灾区域，并有效监测火情。由于着火的树木温度较高，会产生更多的能量，在热红外图像中就会显示出更亮的色调。利用载有热红外遥感器的卫星拍摄森林图像就能及时发现森林着火的区域，森林消防部门根据遥感图像上的森林火情位置和范围可以合理安排灭火设备和人员。如果在森林火灾遥感监测图像上进一步加入气象云图信息，结合未来天气走势（如风力、风向和降水等），就能预测森林火灾的发展趋势，可以更有效地灭火，减少灾害损失。

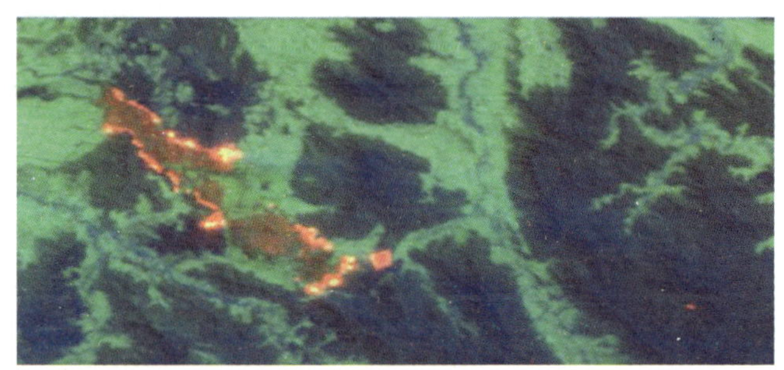

森林火灾遥感监测图像

资料来源：中国科学院遥感与数字地球研究所网站。

77. 遥感可以监测农林病虫害吗？

传统农林病虫害监测主要依靠植保人员通过田间、林间调查取样等方式，不仅耗时费力，而且存在以点代面的问题，难以满足大范围农林病虫害实时监测的需求。遥感技术为大面积、快速获取农林环境灾害信息提供了重要手段。农作物或森林发生病虫害时，植株叶片的叶绿素减少，养分、水分吸收与光合作用等机能衰退，从而影响其光谱反射特征。病虫害影响的农作物或森林光谱反射率的变化特征是遥感监测农林病虫害的基础。正常生长的农作物或森林一般都有很规则的光谱反射曲线，即在蓝光和红光波段附近反射率较低，绿光波段有一个小的反射峰，进入近红外波段出现较陡的反射峰值。病虫害影响的农林植被光谱表现为绿光波段的反射峰向红光波段移动，可见光波段的光谱反射率高于正常生长植被，而在近红外波段受病虫害的农作物或林木的光谱反射率要比正常生长的光谱反射率低，陡坡效应不明显或消失。利用以上光谱特征的变化，可以从多光谱遥感观测数据中有效提取出农林受病虫害的信息。

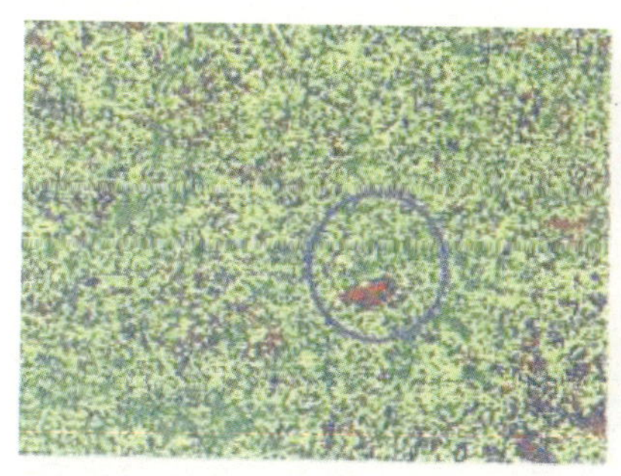

病虫害源地遥感监测图（红色为虫害区）

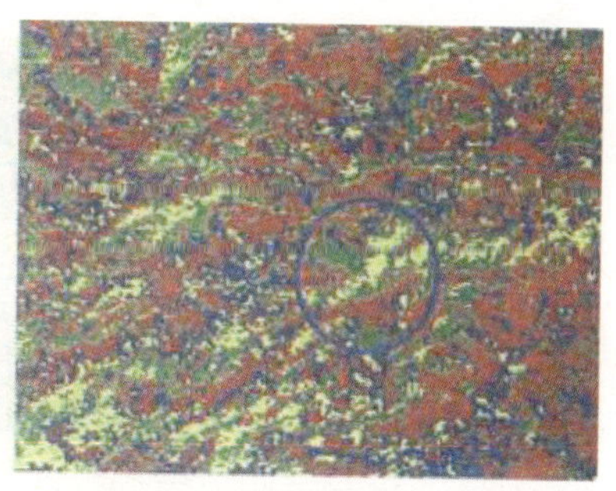

病虫害大面积扩散遥感监测图

78. 遥感可以监测农田旱情吗？

我国是一个受干旱灾害影响比较严重的国家。干旱的频发和长期持续性给国民经济特别是农业生产带来了巨大损失。农田干旱与土壤湿度和作物水分亏缺密切相关，卫星遥感可实现对土壤和植被水分的快速大范围监测，从而实现对农田干旱的监测。目前，最为常用的农田旱情监测方法有作物缺水指数法、热惯量法等。作物缺水指数法主要利用作物冠层与冠层上空大气的温度差来反映作物根层的土壤水分信息，一般适用于作物覆盖率较好的地区。而热惯量法基于土壤水分对于土壤温度变化的阻抗，通过遥感图像反演研究区昼夜温差来反映农田旱情，一般用于裸地或者作物比较稀疏的地区。此外，利用微波遥感监测土壤含水量也是一种有效的方法，它需要进一步结合作物生长信息(物候、密度等)进行旱情评价。针对中国耕地少、水资源短缺 、环境保护压力大和农业生产高度分散的国情，遥感监测和互联网提供的农田旱情等农情信息服务支持下的精准耕作技术是发展方向之一。

79. 遥感可以监测雪灾吗？

雪灾也称为白灾，是因长时间大量降雪造成大范围积雪成灾的自然现象，它是中国牧区常发生的一种畜牧气象环境灾害。主要是指依靠天然草场放牧的畜牧业地区，由于冬半年降雪量过多和积雪过厚，雪层维持时间长，影响畜牧正常放牧活动的一种灾害。我国雪灾分布范围较广，经常发生在青藏高原、北疆天山、内蒙古、东北三省等地区。牧区多在偏远的地区，一旦发生灾害，准确评价和及时援救，最大限度地减少灾区的经济损失是十分迫切的问题。遥感在大范围雪灾监测方面具有其他常规手段无法替代的优势，可以对积雪覆盖范围、积雪分布状况和形式、积雪厚度等进行实时动态监测。积雪在可见光和红外波段特有的光谱特征，是区分积雪与其他地物和确定积雪范围的基础。积雪和云对电磁波的反射一般明显高于裸露的地面和植被，新雪和旧雪以及不同厚度积雪反射电磁波的能力也不相同。云（尤其是低云）与积雪具有相似的光谱特征，但云在可见光和近红外通道的反射率比积雪高 3%，而在热红外通道亮温要低 3℃左右；同时，云是运动的，观测量随时间变动较大，而积雪则相对稳定。根据这些差异，通过分析遥感影像便可分辨出积雪、云层和无雪地，从而对雪灾进行监测。

80. 遥感可以监测洪水灾害吗？

洪水灾害是指降水或融雪等造成的河水冲垮堤坝、淹没耕地、冲毁房屋或突发的山洪冲毁耕地、冲走人畜等现象。它是世界上最危害的自然灾害之一，在全球所有自然灾害造成的损失中占 40%，并往往分布在人口稠密、农业垦殖度高、江河湖泊集中、降雨充沛的地方。我国是世界上洪水灾害最频繁的国家之一。洪水灾害因其范围广、频率高、突发性强、损失大等特点，常对国民经济和人民生命财产安全带来严重威胁。科学有效地进行洪水监测和灾情评估，是防洪救灾的重要基础，而卫星遥感以其速度快、时效性强、视野广阔等特点逐渐成为现代洪水监测与评估工作的主要手段。洪水在电磁波谱上的反射光谱特征，是利用卫星遥感技术进行洪水水体识别和提取的基础。水体对波长为 0.4 ～ 2.5 μm 的电磁波的吸收率较高，明显高于其他绝大多数地物，因此水体的反射率远低于其他地物，在彩色遥感影像上表现为均匀的暗色调。 在可见光波段，随泥沙含量的增加，水体的反射率呈整体上升趋势，图像上水体的色调也逐渐由深变浅，反射峰也随之向长波移动。但其反射曲线基本相似。卫星遥感监测洪水主要是通过传感器接收水体所反射的电磁波谱，然后根据遥感影像上水体的波谱特征来识别洪水水体。经过数据处理，卫星影像上不仅能够显示出洪水淹没范围，而且能够区分出堤坝内外的洪水，为抗洪救灾提供必要的参考信息。下图美国爱荷华州汉堡市河堤决口前后的洪水灾害遥感监测图像。

2010 年 9 月洪水发生前遥感监测图像

2011 年 8 月洪水发生后遥感监测图像

81. 遥感可以监测地震灾害吗？

地震灾害是中国面临的最严重自然灾害之一。强烈地震具有突发性、毁灭性的特点，严重威胁人民生命和财产安全。目前，人类还不能准确地预报地震。因此，震前采取积极防御措施，震后快速获取灾害信息，快速完成调查评估是降低灾害损失的有效途径。与传统的实地勘测相比，遥感技术具有获取信息快、信息量大、手段多、更新周期短，能多方位和全天候地动态监测等优势，为快速完成地震灾害调查与损失评估提供了一种高效的技术手段。目前，能够用于地震灾害应急和评估的遥感卫星主要有高分辨率光学遥感卫星和高分辨率雷达成像卫星。此外，航空摄影遥感和无人机遥感由于其快速、灵活、可自行定义飞行线路，同时具有分辨率高、不易受天气影响等优势，同样是获取地震灾情的有效数据源。卫星遥感可以在宏观上对整个地震灾区或者某些特定区域进行综合分析，用于抗震救灾指挥决策。灾害发生后，卫星影像可以及时给出受灾区域的初步损毁程度等信息，可以快速统计整个地震灾区的次生灾害情况、道路堵塞情况，为抗震救灾提供珍贵的第一手资料。与卫星遥感相比，航空遥感能够获取更高分辨率的图像，可以根据需要重点关注灾情严重的区域，如可以得到震中地区的详细灾情信息。无人机能够深入救灾人员无法到达或通过的地区，获得这些地区的灾情资料。通过遥感图像的解译，可以帮助我们有效地分析地震地质构造背景、房屋建筑群倒塌率及构筑物的损毁情况、堰塞湖等次生灾害的情况，以及灾后重建的评估。

（a）震后北川县城航空影像；（b）红色标注的区域为未倒塌建筑，其他均倒塌；（c）1 为房屋被滑坡掩埋，2 为已倒塌的建筑被地震震塌；（d）被震毁的桥梁

四川省北川县城灾情遥感监测分析

数据来源：中国科学院遥感应用研究所，2008-05-22 航摄。

82. 遥感可以监测山体滑坡灾害吗？

山体滑坡属于常见的地质环境灾害，多发生于山地丘陵地表松散的地区。滑坡对房屋、道路、农田、人畜等危害很大。灾害发生后第一时间获得灾情资料，及时制定援救措施至关重要。遥感具有大范围探测、高时效性和高动态性的优势，利用遥感开展山体滑坡、崩塌等地质灾害的监测已有广泛的应用。遥感监测山体滑坡首先是利用遥感影像识别滑坡，主要通过滑坡影像的形态、色调、阴影、纹理等特征，以及滑坡引起的植被异常或水系变异等综合要素来识别滑坡体；其次是对滑坡要素进行动态监测，分析滑坡的变形和运动规律，应用不同时间的遥感影像实时更新滑坡信息；最后是进行滑坡风险评估，制作滑坡形变和风险性评估专题图件，为滑坡灾害预警和治理提供科学决策依据。

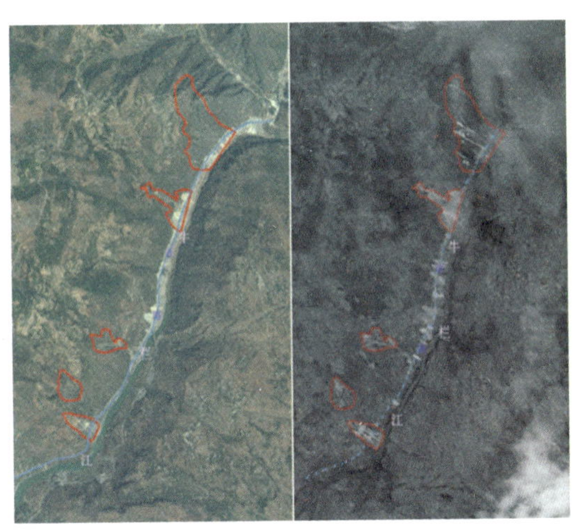

山体滑坡遥感监测图

资料来源：中国国家遥感中心网站。

83. 遥感可以监测泥石流灾害吗？

泥石流是指在山区或者其他沟谷深壑、地形险峻的地区，暴雨、暴雪或其他自然灾害引发的山体滑坡并携带有大量泥沙以及石块的特殊洪流。它往往暴发突然，来势凶猛，造成大范围严重环境灾害。泥石流灾害在航空遥感图像和高分辨率卫星遥感影像上极易辨认。通常典型的泥石流流域可清楚地看到形成区、流通区和堆积区的情况。泥石流形成区一般呈瓢形，山坡陡峻，岩石风化严重，松散固体物质丰富，常有滑坡、崩塌发生；泥石流流通区沟床较直，纵坡形成地段平缓，但较沉积地段陡，沟谷一般较窄，两侧山坡表面比较稳定；泥石流堆积区位于沟谷出口处，纵坡平缓，常形成洪积扇或冲出锥，洪积扇轮廓明显，呈浅色调，扇面无固定沟槽，多呈漫流状态。依据这些特征可以直接从遥感图像上提取泥石流灾害信息。

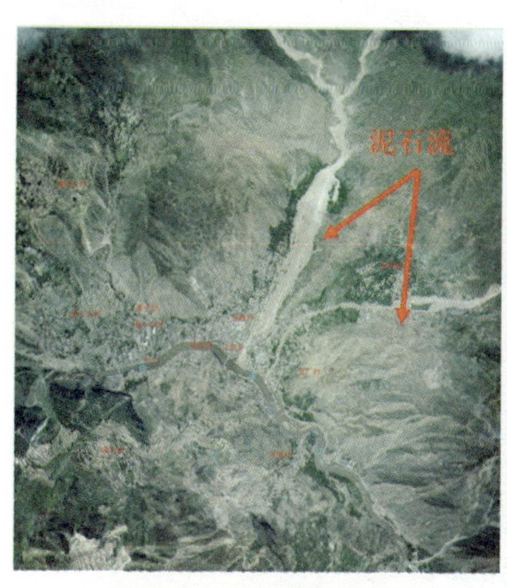

泥石流灾害遥感监测图像

泥石流灾害信息提取结果

84. 遥感可以监测堰塞湖灾害吗?

堰塞湖是由火山熔岩流或由地震等活动引起山崩滑坡等堵截河谷或河床后贮水而形成的湖泊。堰塞湖在各种自然灾害中占有的比重不大，但其破坏性已受到广泛关注。堰塞湖最大的危害在于蓄水到一定程度如果处理不当或遭遇到强余震、暴雨就可能溃决，形成大范围洪水灾害，其危害甚至会高于诱发灾害本身。堰塞湖一般发生在山高谷深的高原山区，有些地方人难以到达，若采用常规调查方法不仅费时费力，难以实现调查的实时性、真实性和准确性，而且在一些突发事件中实地调查往往很难实现。遥感可以很好地弥补传统调查方法的不足，通过卫星遥感图像可获取实时或准实时的堰塞湖灾害信息，并可监测其发展演化趋势。堰塞湖在遥感图像上呈现的形态、色调、纹理结构等均与周围背景存在一定的区别。一般情况下在堰塞湖的下游存在明显滑坡体或崩塌堆积物，且完全堵塞河道，造成坝体上游河道显著加宽。当堰塞湖水位高过坝体时，在坝体顶部有溢流现象，利用可见光遥感图像可以清楚地判别这些信息，获得堰塞湖的位置、规模、分布等情况。

山体滑坡堵塞河道形成堰塞湖

堰塞湖形成前　　堰塞湖形成后

堰塞湖灾害遥感监测图像

资料来源：中国国家测绘地理信息局网站。

85. 遥感可以监测海啸灾害吗？

海啸是由海底地震、火山爆发、海底滑坡或气象变化产生的破坏性海浪。海啸的波浪宽可达数百千米，波速每小时高达 700 多 km，在几个小时内就能横过大洋。海啸到达海岸时，可形成高达数十米含有巨大能量的“水墙”，能造成极为严重的灾害，摧毁堤岸，淹没陆地，夺走生命和财产。利用遥感技术可以迅速地监测和评估海啸造成的损失。利用海啸灾害发生前后获取的遥感影像，对整个受灾区进行全面的分析。利用图像中受损失地物的光谱信息与灾前环境背景信息进行对比分析，确定地物遭受损失的程度，并对它们进行分级分类，制成海啸灾害监测评估图。

日本海啸前后遥感监测图

资料来源：NASA 网站。

86. 遥感可以监测海冰灾害吗？

海冰灾害是一种常见的海洋环境灾害，海水冻结和海冰漂移会对油气勘探、海上生产和航运等造成不同程度的影响。传统海冰监测主要依赖于固定观测站、沿岸海冰调查及破冰船走航调查。这些方法虽然可以获得某一地区较详细的海冰信息，却难以获得实时、大面积的观测数据。近年来卫星遥感已经逐步成为一种高效的海冰灾害监测手段。利用可见光遥感能够直观地获取海冰的图像，对于监测海冰的结冰、融冰过程十分有效。此外，微波遥感也是一种有效的监测手段，利用雷达回波探测海表面的粗糙度，可以获得海冰分布的范围、面积、冰型、密集度、外缘线等信息。下图是 2014 年 2 月渤海辽东湾海域的遥感图像，海冰规模达 9 000 km^2。

海冰灾害遥感监测图像

资料来源：中国交通运输部网站。

87. 遥感可以监测火山灰云吗？

火山灰云是指火山喷发出的火山灰碎屑和水、二氧化硫、硫化氢、二氧化碳等在高空集结形成的一种云状物。火山灰云能在大气中悬浮几周甚至几个月，在风速、 重力和地球自转等外力的作用下不断地扩散和漂移，能从源头漂移很远的距离。大量的火山灰云覆盖在地球上空，不但削弱了到达地面的太阳辐射，引起臭氧层破坏、大气污染、温室效应、酸雨和气温、降水异常等全球气候和环境系统的重大变化，而且火山灰云的漂浮高度（一般处于平流层）恰好也是航空器飞行的高度，极易引发航空安全事故，造成重大经济损失和人员伤亡。然而，由于火山喷发具有突发性和极大的破坏性特征，其形成火山灰云的地点、强度、高度和影响范围都难以准确地预测出来。此外，火山灰云在漂移的过程中受到风力的影响而不断发生变化，其扩散过程具有一定的不确定性。目前，如何对火山灰云进行有效的识别和实时监测，以及进一步预测其漂移轨迹，已成为火山研究和航空安全领域的重要任务。遥感技术具有快速、空间覆盖范围广和时间分辨率高的特点，能够实时、准确地获取火山喷发形成火山灰云的海量信息，为定量监测火山灰云和预测扩散路径提供有效的技术支撑。火山灰云具有复杂的物理和化学特性，且在不同光谱波段具有不同的反射特性，遥感传感器能够较好地反映出火山灰云成分在不同的波段范围内的吸收和反射特征，通过对有关的遥感数据进行处理， 就有可能获取火山灰云的分布和扩散变化等信息。

火山灰云遥感监测图像

资料来源：环球网。

图为日本樱岛火山喷发约 30 min 后，美国 Landsat 8 遥感卫星从高约 700 km 处拍下了火山灰云遥感监测图像。图像显示了火山灰云向南漂移，随后横穿大隅半岛向东延展开去。

88. 遥感可以监测台风吗？

台风是热带气旋的一个类别，热带气旋中心持续风速在 12 级至 13 级（即 32.7 ～ 41.4 m/s）称为台风。台风是一种破坏力很强的灾害性天气，引发的大风、暴雨和风暴潮具有突发性强、破坏力大的特点。据统计，登陆我国的台风每年约有 8 个，每年造成人员死亡约为 453 人，平均经济损失逾 260 亿元。传统上，对台风灾害成因的分析研究主要是利用数值模拟和物理量诊断方法。然而，由于统计和观测资料稀少，仅依靠常规观测资料而做出的分析结果，很难客观地反映台风中心位置、强度及周围环境各要素场的分布，这给台风预报带来很大困难。卫星遥感为解决这一困难提供了有效途经。台风在遥感卫星图像上最直观的特征就是范围很大的涡旋状云系。不同的遥感卫星传感器在台风监测中有各自的优势，静止遥感卫星可以发现台风的生成，监测台风位置移动情况，并估算台风强度；极轨遥感卫星可以监测台风的三维温度、湿度结构，监测台风区域大风的影响半径、暴雨的影响范围等。

台风遥感监测图像

资料来源：新气象网站。

89. 遥感可以监测危险化学品爆炸灾害吗？

危险化学品爆炸能产生大火和黑烟，伴随有毒有害物质排放，造成严重的环境灾难。2015 年 8 月 12 日，天津市滨海新区天津港发生危险化学品火灾爆炸事故。事故发生后，中国资源卫星中心启动应急响应机制，利用“高分二号”卫星、“资源三号”卫星和“实践九号A”卫星等高分辨率遥感卫星，拍摄事故区域卫星影像，从图像中可直观地看到爆炸造成的破坏情况。图中显示了在爆炸之前，汽车、房屋和道路等排列得非常整齐，而爆炸之后形成了一个大坑，从图中可以看到停车场和房屋等都比较暗，这是因为爆炸对这些地物造成了严重的破坏。卫星遥感监测手段为危险化学品爆炸后相关部门的应急处理提供了及时有效的信息。

危险化学品爆炸灾害遥感监测图像

资料来源：中国资源卫星中心网站。

90. 遥感可以监测核污染灾害吗？

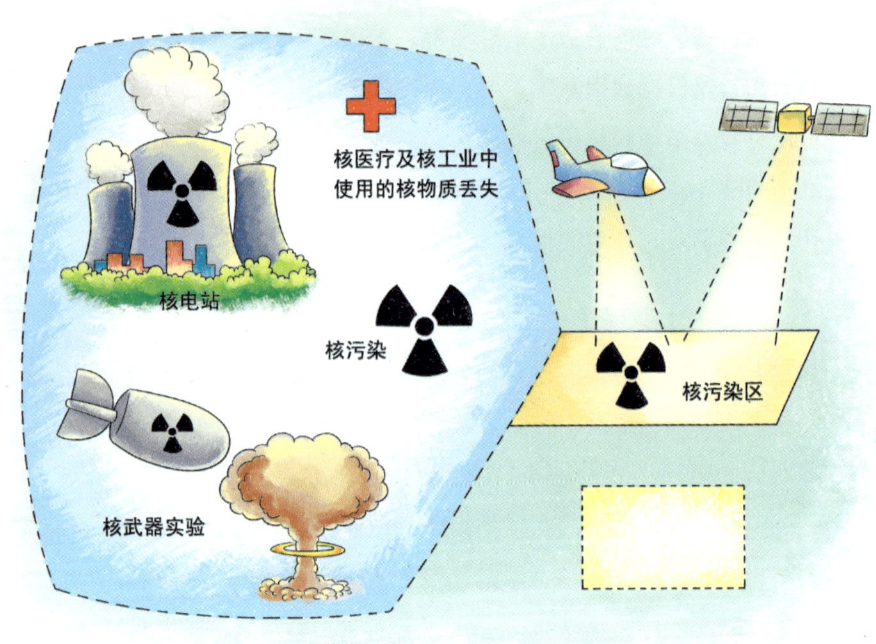

核污染主要是指核物质泄漏后的遗留物对环境的破坏，不仅包括核辐射、原子尘埃等本身引起的污染，还有这些物质对环境带来的次生污染，如被核物质污染的水源对人畜的伤害。引起核污染的原因有核武器实验、使用，核电站泄漏，工业或医疗上使用的核物质丢失等。核污染对周围环境和生物的破坏极为严重，持续时间长，事后处理危险、复杂。卫星通过搭载核爆射线探测器、光探测器和电磁脉冲探测器等可以探测核爆炸产生的 X 射线、γ 射线，对核爆炸产生的中子计数，记录核爆炸火球的闪光，测出核爆炸发射出的电磁脉冲。

根据这些信息估计核爆炸的地点和规模。2011 年 3 月 11 日，日本福岛核电站发生严重核泄漏事故。驻日美军于 3 月 17 日—19 日出动两架搭载有放射能探测遥感器的侦察机，对福岛核电站周边 45 km 范围进行了核污染灾害航空遥感监测，并根据遥感结果绘制出详细的核污染图，不仅能给出核电站附近地区的核污染辐射量，而且还显示出核污染重点区域和核灰尘漂浮方向。

91. 遥感可以监测地表塌陷灾害吗？

地面塌陷是指地表岩体、土体在自然或人为因素作用下，向下陷落并在地面形成塌陷坑（洞）的一种地质现象。当这种现象发生在有人类活动的地区时，便可能成为一种地质环境灾害。不合理的人类活动（如矿山地下开采、地下工程中的排水疏干、过量抽采地下水等）有可能诱发或加剧地面塌陷的发生。地面塌陷会造成人员伤亡、房屋倒塌和损毁，破坏土地资源，危害工业生产及公路、铁路、水利设施和地下管线，污染地下水，恶化生态环境。地表塌陷规模小的仅仅几十平方米，大的可达上百平方千米。对塌陷地的调查传统上采用实地测量方法，但因工作量大、成本高、时效性低，难以及时准确地获取塌陷地信息。遥感图像可以真实地记录区域地面实况，在地表塌陷监测方面具有明显的优势。地表塌陷生成的塌陷盆地、塌陷坑、地裂缝等在可见光遥感图像上具有明显的特征，能直接清晰地识别，因此可以利用可见光遥感监测地表塌陷的位置和范围等。微波遥感利用不同时间获取的两幅（或多幅）图像经过分析计算，可以获得地表下沉量，可以用来监测地表塌陷随时间的动态变化。

地表塌陷图

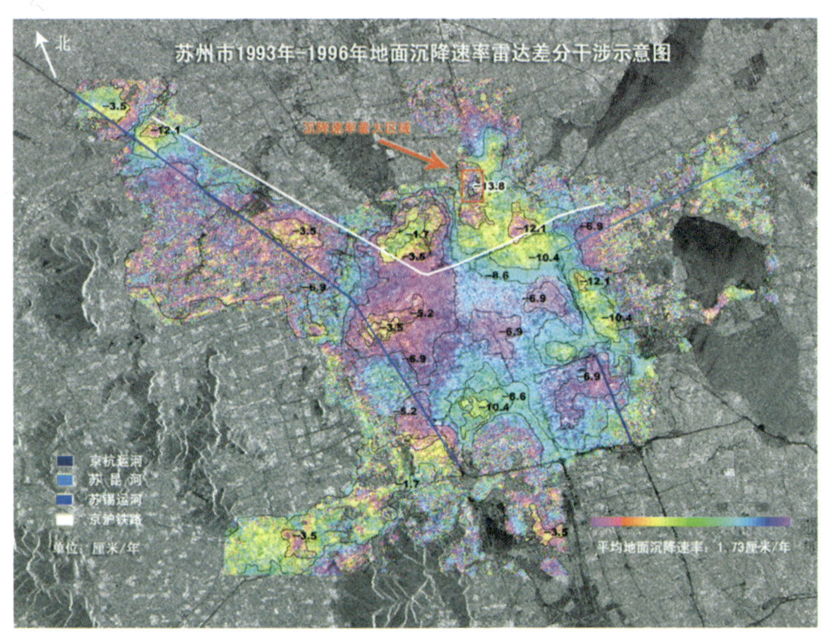

地表塌陷灾害遥感监测图像

资料来源：中国测绘科学研究院网站。

HUANJING YAOGAN

ZHISHI WENDA

环境遥感知识问答

第八部分
其他遥感应用

92. 遥感可以发现陆地矿产资源吗？

矿产资源是指经过地质成矿作用而形成的，埋藏于地下或出露于地表，呈固态、液态或气态的，并具有开发利用价值的矿物或有用元素的集合体。主要包括煤、石油等能源矿产，铁、锰、铜等金属矿产，金刚石、石灰岩、黏土等非金属矿产，以及地下水、二氧化碳气等水气矿产。矿产资源属于不可再生资源，其储量是有限的。当前，矿产对我国国民经济发展的瓶颈制约凸显。采用新技术、新方法加强矿产资源资源储量勘查力度，是保障我国经济可持续发展战略的重要途径。遥感地质找矿作为矿产勘查的一种辅助手段，取得了较好的成效。遥感技术从地质体波谱形成的物理基础和成矿机理着手，结合多种野外测试方法和数字图像处理技术，分析矿产遥感图像特征形成原因，建立相应的遥感找矿理论模式，指导矿产预测工作。地球表面大多数自然存在的物质均具有可判断属性的光谱吸收特征，即特征光谱。例如，黏土矿物在 2.087 μm 和 2.0 μm，铁帽在 2.25 μm 都有特征光谱吸收谷。在实际的地质矿产应用中，只要能检测出这些特征光谱，就有可能识别相应矿物，发现与矿化有关的蚀变矿物。高光谱遥感具有不同于宽波段多光谱遥感的性质，可以显示出不同矿物在电磁波谱上的诊断性光谱特征，使人们易于识别不同矿物和岩石成分。遥感技术在地质找矿中的应用主要包括遥感岩石矿物识别、矿化蚀变信息提取、地质构造信息提取以及利用植被波谱特征找矿等几个方面。其中，遥感岩矿识别技术非常适宜于植被稀少、基岩裸露区的区域性地质填图，相对于常规的地质填图方法具有经济快捷、实用高效等优点。而在高植被覆盖区，可以结合植物波谱信息和植物地球化学方法进行遥感地质找矿。

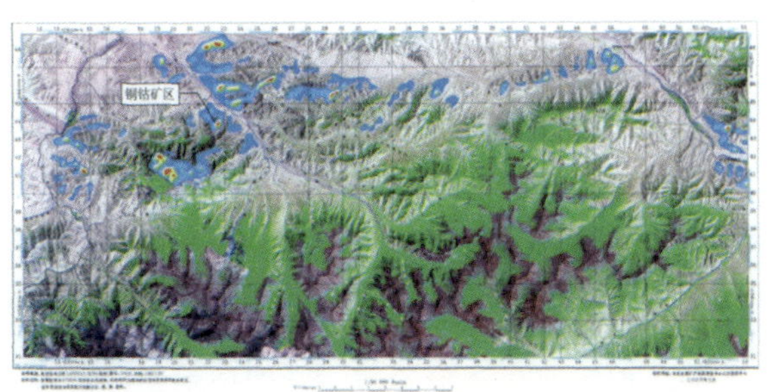

青海都兰塔妥－沟里地区矿化蚀变遥感信息异常图
（蓝－黄－红表示铁染强度由低到高）

资料来源：刘德长，李志忠，王俊虎．我国遥感地质找矿的科技进步与发展前景 [J]. 地球信息科学学报，2011(4): 431-438.

93. 遥感可以用于海洋渔业捕捞吗？

海洋中的鱼类及其周围的生物与非生物环境共同构成的海洋生态系统是一个统一的有机体，海洋环境状态参数(如水温、盐度、海面高度)及其变化(如温度锋面、潮流与盐度的变化)对鱼类种群的大小和资源分布状况、洄游路线、栖息层次、渔汛期的早晚、中心渔场的位置等都有显著的影响。渔民通常根据鱼类与海洋环境参数之间的关系，来对渔业资源的分布和丰富程度进行判断，但根据经验指示的渔场范围有限并且会受其他因素的影响。从事海洋捕捞生产的渔民或渔业企业需要及时了解海洋渔业资源的丰度分布和海洋水文气象等环境状况的快速变化，提高渔业捕捞效率。随着越来越多的监测水体的遥感卫星的发射和海洋环境对鱼类行为影响的知识积累，遥感在渔业服务中发挥着越来越重要的作用。海洋主动遥感由卫星所携带的传感器发射电磁波，到达海面后再反射回波信号被传感器接收（如合成孔径雷达 SAR、微波散射计、雷达风场散射计、雷达高度计和微波辐射计等）可以测量海浪的方向与长度、海面波高与海面高度、海面风场风向和风速、 海面温度、 海冰和海面降雨量等海洋环境要素；被动接收海洋反射太阳辐射的海洋被动遥感器（如甚高分辨率辐射计 AVHRR、海岸带水色扫描仪 CZCS、海面水色 - 温度扫描仪 OCTS 等）可以获得表层水温、水色、泥沙与悬浮物质、浮游植物与叶绿素、浅水区地形等海洋环境参数。遥感技术通过监测这些影响鱼群分布的海洋环境参数，可以帮助海洋渔业捕捞。

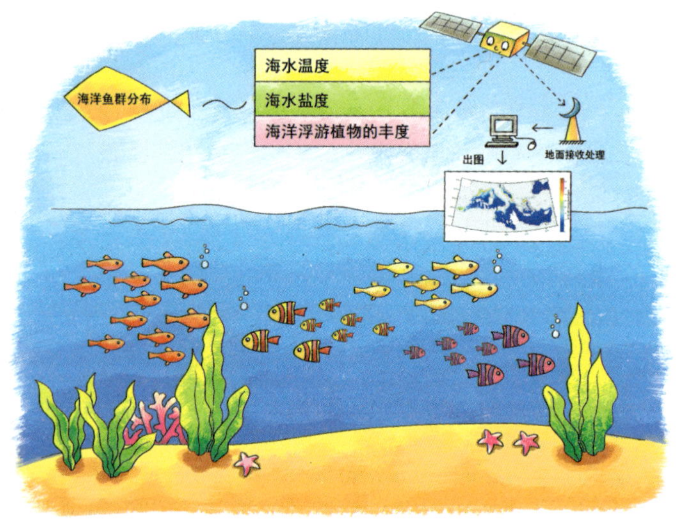

94. 遥感可以测量江河长度吗？

世界著名大河源头的确定，一直被视为重大的地理发现。发源于本国国土上的大河长度，也是一个国家最基本的地理数据。但受科技发展水平，特别是测绘技术水平的限制，这些数据的精度和可靠性存在不同程度的问题。同一条河的长度数据往往差异很大，如关于世界上最长的河流——尼罗河的长度，从 5 499 km 到 6 700 km 说法不一。一条大河的准确长度是由河流源头的位置、河流入海口的位置、进行河流长度量测时依据的数据源和长度量测技术决定的。大河源头的确定并无公认标准，目前一般采用“河源唯长”的准则来确定河源，即在河流的整个流域中选定最长而且一年四季都有水的支流对应的源头为正源。而作为河流终点的入海口则定义为河口两岸外侧切线与河流中心线的交点。河流长度量测理想的数据源是大比例尺地形图，但这种图件无法从市场上得到。由于小比例尺地形图制作过程中进行了综合处理，这就造成了同一河段的长度随着地图比例尺的减小而缩短。在无法得到大比例尺地形图的情况下，高分辨率遥感影像是全球大河长度量测最为理想的数据源。过去河流长度量测依靠的主要是曲线尺。计算机出现后则使用数字化仪等，但是在精度和可靠性方面仍存在很大问题。具有长度量测功能的遥感图像处理系统是利用遥感影像进行河流长度量测的有效工具。利用遥感图像处理系统对经过正射纠正的遥感图像（如 LandSat7 ETM+）由沿河流中心线，从源头至入海口量测出江河长度。利用遥感进行江河长度测量得出全球长度前6名的大河分别为：非洲的尼罗河（7 088 km）、南美洲的亚马孙河（6 575 km）、中国的长江（6 236 km）、美国的密西西比河（6 084 km）、俄罗斯的叶尼塞河（5 816 km）和中国的黄河（5 778 km）。

95. 遥感可以用来考古吗？

中国是有着 5 000 多年连续发展历史的文明古国，文化遗产（特别是影响中国政治、社会、军事和对外交往的古代遗址）遍布全国各地。保存于地表或地表以下的古代遗迹随着岁月的流逝逐渐荒废，有的变为农田，有的形成村镇，但由于这些遗迹全部为人工建成，与周围没有经过人工扰动的土壤环境存在着差异，这就形成了这一地区的土壤、水分、地表温度等一系列的特别征象。人们在平地难以察觉，而这些差异造成了遥感图像上的光谱差异，因此这些古遗址能被遥感观测识别出来。此外，由于雷达的全天时、全天候的成像能力及对干旱沙漠等一定地物的穿透能力，地物的后向散射特性决定了古遗址能从雷达图像上识别出来。在古遗址的探测中，与传统田野考古相比，遥感考古在许多方面能获得从地面观测无法得到的信息，如遥感可以获得大运河、丝绸之路等大型遗址的全局信息；田野考古只能在特定的时间对考古对象进行野外勘查，而遥感考古可利用卫星高重访频率所获得的数据积累研究考古遗址区随时间变化的地形景观及古遗址的情况。此外，遥感考古具有对地下考古对象无损探测的优点，使用物探方法能探测和研究遗迹的平面形态特征和布局结构，无须进行大面积的揭露，既能大量节省人力、物力和时间，又不会对遗存有任何破坏。

内蒙古居延遗址群航空遥感调查

资料来源：聂跃平，杨林．中国遥感技术在考古中的应用与发展 [J]. 遥感学报．2009(5): 940-962.

96. 遥感可以监测传染病传播吗？

传染病的传播与地理生态环境、地理社会环境、人类社会活动模式密切相关。利用遥感可以对传染病的传播进行间接监测。通过建立环境参数、媒介生物与疾病之间的关系模型，将遥感探测得到的某一地区的各项环境参数代入模型中，结合地理信息系统进行分析，就可以间接地获得该地区的疾病信息，从而有针对性地提出疾病预防或控制对策。有些人认为遥感能够从空中看到病毒或细菌，这是一个误解，遥感“看到”的只是地理生态环境因素对疾病发生和传播的影响。例如，通过遥感监测分析，得到某个疫区钉螺空间分布的扩大，反映了这个地区有大面积流行性血吸虫病的风险。

97. 遥感可以估算太阳能储量吗?

遥感卫星观测到的地面图像明亮程度值与太阳辐射量是直接相关的。一般来说，太阳辐射量越大，图像就越明亮，据此可以得出遥感卫星观测值与地面太阳能储量的关系。当然太阳辐射在经过大气层到达地面的过程中，会受到云、气溶胶、水汽和各种气体成分的散射、吸收等作用而被削弱，这些因素的时空变化在不同程度上使到达地面的太阳辐射发生变化。因此，在计算太阳能储量时需要将这些因素的影响去除。

98. 遥感可以监测降雨吗?

降雨是降水的一种形式，是大气动力与热力作用的综合结果。它是非常关键的气象因子，其时空分布对地表径流的产生以及土壤状态都有着重要的影响。因此，精确地测定降雨的时空分布对地面的水文进程模拟、干旱和洪水的预测都尤为重要。利用遥感获得降雨信息，有直接探测和间接探测两种方式。直接探测可以通过卫星上的降雨雷达和微波成像仪，前者发射微波信号，后者接收云雨返回的微波信号，对降雨的空间结构进行测量。例如，通过美国 TRMM 卫星的降水雷达的观测数据，能够生成雨云层高度的三维图，并估算出降雨量，生动地将降雨状况展现在人们眼前。间接探测则是借助其他遥感信息来实现降雨的监测。例如，地球同步轨道气象卫星可以获得卫星云图，并通过分析云团云顶强度与降雨强度的关系来间接获得地面降雨，并对造成的灾害进行评估。

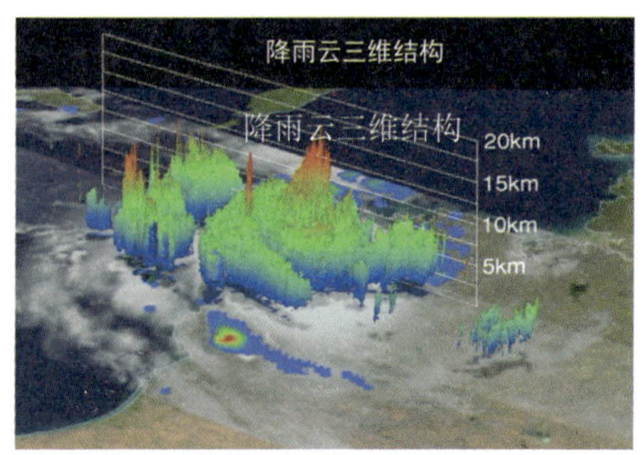

降雨遥感监测图

资料来源：科学网。

99. 遥感可以监测闪电吗？

闪电（或雷电）是云与云之间、云与地之间或者云体内各部位之间的强烈放电现象（一般发生在积雨云中）。在古代，雷电是人类十分敬畏的自然现象之一。在科学技术高度发达的今天，雷电仍然给人类造成了许多灾难和损失。据统计，我国平均每年约有上千人死于雷击，受伤人数则更多。全球和区域性的雷电时空分布实时监测资料，对于雷电灾害防护、强对流天气监测和预报，以及大气电场研究等都极有价值。我国已建立了相当密集的雷电监测站网，这些站网虽然能较准确地对其附近发生的雷电进行定位和计数，甚至可测量闪电光谱和无线电信号，但由于其布点的局限性，很难给出全球范围的闪电分布。而卫星遥感观测覆盖面积大，若采用地球静止与极轨卫星多星联合的观测方式，则可连续实时地监测全球几乎所有的闪电活动。遥感观测闪电主要利用的是其闪光信号。卫星平台上有代表性的闪电光学探测器主要有 OSO 系列卫星上携带的宽波段光度计、Vela 系列预警卫星搭载的当量计、DMS 系列卫星上专用于闪电探测的硅光电管阵列探测器、地球静止气象卫星 GOES 携带的闪电图像仪等。图为遥感监测合成的 1995 年 5 月至 2012 年 2 月的全球闪电活动分布图，可以看出陆地闪电活动远高于海洋，二者比例约为 10 ： 1。

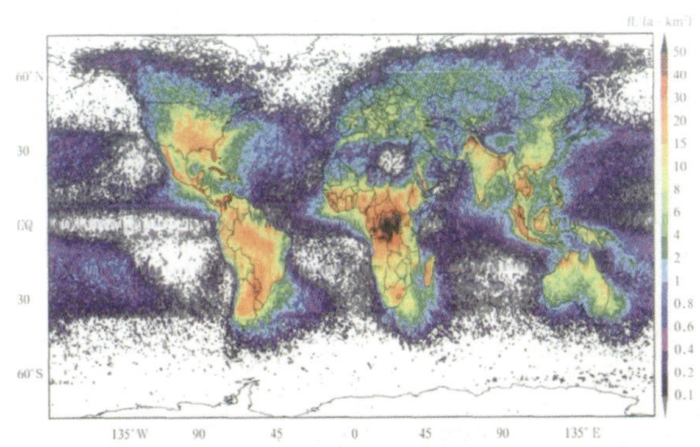

1995 年 5 月至 2012 年 2 月全球闪电活动遥感监测图

资料来源：郄秀书，刘冬霞，孙竹玲．闪电气象学研究进展 [J]. 气象学报，2014(5): 1054-1068.

100. 遥感可以用来做天气预报吗？

遥感卫星云图是最基本的卫星资料，它为天气预报提供了大量有用的信息。我国自 1988 年起陆续发射“风云”系列气象遥感卫星以来，气象卫星和卫星气象应用得到了长足发展。现在，我国“风云三号”太阳同步极轨气象卫星可以提供全球范围的云图和资料；“风云二号”地球同步静止气象卫星在我国周边地区汛期每十五分钟就能提供一次遥感观测。气象卫星上携带有各种气象遥感设备，接收和测量地球及大气层的可见光、近红外线、中红外线、热红外线以及微波等电磁波信号，能够绘制成各种卫星云图，再经过进一步处理，获得温度、气压、风速、风向、降水等气象资料，从而实现对大尺度天气系统、热带气旋、中尺度强降水云团、沙尘暴等的监测、分析和预报。与场地气象观测相比较，卫星遥感观测易于实现全球和区域的大范围观测，资料的时空分辨率、代表性、均匀一致性较好，还能观测常规气象观测难以获得的要素。但卫星观测也有它的局限性，它与场地观测在观测范围、代表性、准确程度等诸多方面有所不同。例如，卫星云图上的云是自上而下观测的，不同于地面报告中自下而上观测的云，当存在密实的高云时，光学遥感卫星甚至看不到高云下面的低云。因此，天气预报需要全面地使用各种观测手段，综合分析各种来源的信息，识别可能影响预报区域的天气系统，对它们的发展趋势进行分析，才能比较准确地做出预报。

遥感卫星云图

书号：
978-7-5111-3247-5
定价：23 元

书号：
978-7-5111-3169-0
定价：23 元

书号：
978-7-5111-3246-8
定价：22 元

书号：
978-7-5111-3209-3
定价：28 元

书号：
978-7-5111-3555-1
定价：23 元

书号：
978-7-5111-3369-4
定价：22 元

书号：
978-7-5111-1624-6
定价：23 元

书号：
978-7-5111-0966-8
定价：26 元

书号：
978-7-5111-2067-0
定价：18 元

书号：
978-7-5111-2370-1
定价：20 元

书号：
978-7-5111-2102-8
定价：20 元

书号：
978-7-5111-2637-5
定价：18 元

书号：
978-7-5111-2369-5
定价：25 元

书号：
978-7-5111-2642-9
定价：22 元

书号：
978-7-5111-2371-8
定价：24 元

书号：
978-7-5111-2857-7
定价：22 元

书号：
978-7-5111-2871-3
定价：24 元

书号：
978-7-5111-2725-9
定价：24 元

书号：
978-7-5111-2972-7
定价：23 元

书号：
978-7-5111-0702-2
定价：15 元

书号：
978-7-5111-1357-3
定价：20 元

书号：
978-7-5111-2973-4
定价：26 元

书号：
978-7-5111-2971-0
定价：30 元

书号：
978-7-5111-2970-3
定价：23 元

书号：
978-7-5111-3105-8
定价：20 元

书号：
978-7-5111-3210-9
定价：23 元

书号：
978-7-5111-3416-5
定价：22 元

书号：
978-7-5111-3139-3
定价：23 元

书号：
978-7-5111-3138-6
定价：24 元